Jiahua Wei
Tamara Tulaykova
Tiejian Li

As opções para o aumento da precipitação dentro das nuvens naturais

Jiahua Wei
Tamara Tulaykova
Tiejian Li

As opções para o aumento da precipitação dentro das nuvens naturais

As opções para o aumento da precipitação no interior de nuvens naturais com técnicas baseadas no solo

Imprint
Any brand names and product names mentioned in this book are subject to trademark, brand or patent protection and are trademarks or registered trademarks of their respective holders. The use of brand names, product names, common names, trade names, product descriptions etc. even without a particular marking in this work is in no way to be construed to mean that such names may be regarded as unrestricted in respect of trademark and brand protection legislation and could thus be used by anyone.

Cover image: www.ingimage.com

This book is a translation from the original published under ISBN 978-620-7-84333-6.

Publisher:
Sciencia Scripts
is a trademark of
Dodo Books Indian Ocean Ltd. and OmniScriptum S.R.L publishing group

120 High Road, East Finchley, London, N2 9ED, United Kingdom
Str. Armeneasca 28/1, office 1, Chisinau MD-2012, Republic of Moldova, Europe
Printed at: see last page
ISBN: 978-620-7-96086-6

As opções para o aumento da precipitação no interior de nuvens naturais com técnicas baseadas no solo

Jiahua Wei, Tamara Tulaikova, Tiejian Li,

Guoxin Chen, Yan Diran, Svetlana Amirova, Jinzhao Wang.

State Key Laboratory of Hydroscience& Engineering, Tsinghua University, 100084 Beijing, China.

Palavras-chave: atmosfera, acústica, nuvens, aumento da precipitação, fluxo ascendente térmico, pó higroscópico.

2024

Conteúdo

Introdução 3

I. Caraterísticas energéticas dos jactos térmicos artificiais na atmosfera 12

II. Concentrações dinâmicas de partículas no volume do jato de ar ascendente........57

III. Aumento da precipitação no interior de nuvens naturais com a ajuda da acústica

....87

Referências..163

Introdução

A escassez de água doce em todo o mundo é uma das alterações associadas a muitos processos naturais na Terra [1-6], sendo necessário o desenvolvimento de novos métodos técnicos para obter água. O aumento da precipitação pode trazer grande massa de água com arrefecimento e purificação da atmosfera, por exemplo, sobre uma grande metrópole, o que é confirmado por cálculos, experiência e medições meteorológicas. A precipitação artificial é necessária na agricultura para irrigação em algumas regiões; as chuvas são muito eficazes contra os incêndios florestais, etc. exemplos de utilização da água. Por fim, estes métodos podem ser utilizados para resolver novos problemas de correção climática e de melhoria do tempo para aplicações actuais e futuras. Um aumento da precipitação pode ajudar a resolver o problema da falta de água doce, uma vez que uma pequena nuvem pode conter até mil toneladas de gotículas de água correspondentes ao conteúdo de água líquida, $LWC = 0,1 - 20$ g/m^3 . Os métodos e a descrição adequada podem ser encontrados em muitos trabalhos, por exemplo [7, 8]. Os métodos tradicionais de aumento da precipitação incluem a adição de reagentes higroscópicos [9-12] em nuvens convectivas quentes que aceleram a condensação em gotículas de grandes dimensões, aumentando a precipitação. As partículas formadoras de gelo são utilizadas em nuvens frias com temperatura $< 0°$ C [13-15], em particular as partículas AgI estimulam a formação de cristais de gelo em nuvens frias e são utilizadas em muitas experiências. O artigo [15] indica que a temperatura máxima de atividade é de -4 ou -5° C e o número ideal de partículas AgI para uma cristalização eficaz; a concentração do reagente deve ser de pelo menos 100-1000 partículas por metro cúbico. Outra opção eficaz para as nuvens frias utiliza a injeção de partículas sólidas de CO_2 com diâmetros típicos de 5 - 10 mm a uma temperatura de - 80° C, ver análise em [16]. Os cálculos e a experiência experimental indicam que a partícula de CO_2 pode percorrer apenas uma curta distância de cerca de 100 m antes de evaporar ou sublimar. Ao mesmo tempo, uma vasta série de experiências [17] indica que as referidas partículas aplicadas na área local da nuvem proporcionam uma reorganização suficiente do meio para obter um melhor efeito no aumento da precipitação dentro de toda a nuvem.

Também na mesma altura, foram desenvolvidos métodos de impacto acústico [18-30].
Os instrumentos acústicos desenvolvidos anteriormente permitiram que a maior parte
dos aerossóis industriais fossem purificados com êxito, com uma eficiência de 99%,
dentro de tubos de fábrica [18]. Ao mesmo tempo, a tecnologia acústica industrial não
pode ser utilizada diretamente para as nuvens. Por isso, a remoção muito rápida de
poeiras de pequenas dimensões era o principal requisito para este tipo de equipamento
no interior de tubos de 1-10 m de comprimento na fábrica, para evitar que o poluente
fosse para a atmosfera. É por isso que os dispositivos acústicos industriais utilizam
frequências elevadas, f = 5 - 30 kHz, com uma potência geralmente elevada, a fim de
obter um efeito rápido numa pequena área dentro do tubo da fábrica, onde o filtro
acústico foi colocado para funcionar. Para as nuvens, outras opções são óptimas e a
simples cópia de trabalhos anteriores é impossível. A desvantagem deste regime de
alta frequência é o curto período de tempo, $t_{1/2} = 0,5/f$ e a pequena amplitude
relacionada durante a vibração, sem oportunidade de as gotas vizinhas se alcançarem
e tocarem umas nas outras. Se ainda se quiser usar a frequência kHz nas nuvens, o
cálculo de acordo com os modelos anteriores indica a necessidade de aumentar a
potência acústica aplicada por unidade de superfície na atmosfera até valores muito
elevados > 170 dB [19] na frequência kHz, onde as partículas devem mover-se de
acordo com o efeito não linear para obter um movimento unidirecional longo, deriva,
em direção à fonte sonora.

O modelo dos autores [20-24] propõe a diminuição da frequência e utiliza vibrações
lineares de gotas voadoras dentro da onda acústica, pois a amplitude de vibração da
gota aumenta com a diminuição da frequência. As gotas vibradas sofrem colisões e
aumentam ainda mais a amplitude, o que tende à queda gravitacional. A baixa
frequência do som, f = 50 - 250 Hz, permite que o ar no interior da onda acústica com
as gotículas de água mais pequenas incorporadas se desloque durante muito tempo
numa direção durante um tempo igual ao período de 0,5 da onda sonora, ou seja, o
tempo $t_{1/2} = 0,5/f$ = 0,01 - 0,002 s. A uma frequência mais elevada f = 5 - 30 kHz, o

movimento unidirecional da gota de ar na onda acústica é demasiado curto, $t_{1/2} = 0,5/f$ = 10^{-4} - 10^{-5} s, o que permite apenas o menor deslocamento das gotículas perto da sua posição central. Se a amplitude do movimento das gotas for suficientemente grande, as gotas vizinhas no meio supersaturado podem colidir, e neste caso fundem-se necessariamente de acordo com o princípio da redução da energia livre da sua superfície combinada [31]. Os cálculos indicam que a redução da frequência pode diminuir a potência acústica para obter uma amplitude de vibração desejável para gotículas de nuvens típicas no interior de diferentes nuvens típicas. A título de exemplo, a potência acústica $I_s = 10$ W/m^2 = 130 dB fornece uma amplitude de vibração para as moléculas de ar e as gotículas mais pequenas incorporadas, a amplitude das moléculas de ar é de cerca de $0,5V_a$ $/f \approx 2,2$ mm a uma frequência $f = 50$ Hz, a velocidade das moléculas de ar é $V_a \approx \sqrt{2I_s/(\rho_a C_a)}$, a velocidade do som $C_a = 330$ m/s, a densidade do ar $\rho_a \approx 1,29$ kg/m^3 . A redução da potência da fonte é desejável, uma vez que o dispositivo acústico apropriado é mais fácil de fabricar e utilizar devido ao menor consumo de energia. Consequentemente, a redução do peso e do tamanho do gerador acústico, juntamente com sistemas de bombagem adequados, é desejável para a implementação prática. Um dos principais objectivos da análise apresentada é a diminuição da frequência para uma utilização eficaz das nuvens, com a correspondente diminuição da potência do equipamento acústico; isto pode ser feito através de modelos acústicos com vibração linear das gotas. Revisões completas de experiências acústicas anteriores em nevoeiros e nuvens podem ser encontradas em monografias [18, 20], algumas descrições de equipamento clássico são indicadas aqui [25-27], e estudos modernos podem ser encontrados em trabalhos [28-29].

Recentemente, foi construído um gerador acústico especial para produzir um feixe acústico que é direcionado verticalmente para o céu a partir de um sino ressonador metálico situado verticalmente com a parte larga para cima. O sino tem 3,4 m de diâmetro e 2 metros de altura. O princípio de funcionamento do dispositivo baseia-se no impacto periódico de ar comprimido nas paredes da campainha, o que é proporcionado por uma parte da sirene rotativa interna com uma libertação periódica de ar comprimido, a frequência de impacto coincide com a frequência de ressonância da campainha para obter um som ressonante forte. Nas experiências, a potência foi I_s = 140 dB (100 W/m^2) a uma frequência de f = 50 Hz e a potência I_s = 135,2 dB (33,1 W/m^2) a f = 160 Hz. Este gerador acústico está situado perto da Universidade de Qinghai em Xining, China, a uma altitude de 2300 m acima do nível do mar. A utilização do método acústico de baixa frequência e do dispositivo mencionado proporcionou um aumento da precipitação em várias experiências [21, 28-29].

A combinação dos vários métodos de estimulação da precipitação facilitará a obtenção de resultados e reduzirá a potência necessária do equipamento especial. Isto é especialmente importante para a aplicação móvel do método de aumento da precipitação em condições reais de campo. As tecnologias acústicas e outros equipamentos podem ser facilmente complementados com a utilização de um jato de ar de fluxo de calor com partículas mais pequenas. Juntamente com a influência acústica no mesmo volume da atmosfera, os jactos de ar quente com pó especial podem obter o efeito máximo para a criação de nuvens e aumento da precipitação. O método lógico é introduzir pequenas partículas na corrente ascendente de ar, a fim de as entregar à altitude da nuvem, que é analisada em [22-24] e aqui. Os jactos de ar ascendentes e a subsequente criação de nuvens estão intimamente relacionados com os processos de convecção atmosférica, e o ar aquecido sofre convecção na superfície lateral com o ar frio envolvente. Os trabalhos clássicos sobre o fluxo ascendente térmico atmosférico com turbulência são [33-34], por exemplo; atualmente estão a ser desenvolvidos modelos modernos [35-37] combinados com um jato de calor que se desloca da Terra para a atmosfera. A turbulência no interior dos jactos é analisada e modelada utilizando o modelo -κε [38 - 39].

A monografia de fundo [32] fornece uma visão geral de uma série de experiências de campo em grande escala com jactos de ar aquecido que foram realizadas na Rússia durante as décadas de 1960 a 1980. A monografia apresentou a teoria mais detalhada para a análise 1D dos jactos em diferentes condições atmosféricas. Também sistematiza e descreve uma grande série de 36 experiências, que na sua maioria começaram com tempo sem nuvens ou com nuvens fracas com 1-3 pontos na escala de nuvens. As 24 experiências foram realizadas, 4 - com um campo de pressão esbatido, 9 - com tempo caraterístico da parte de trás do ciclone. O desenvolvimento de nuvens até ao estádio de cumulonimbus com precipitação foi observado na parte de trás do ciclone na maioria dos casos. A energia potencial convectiva disponível (CAPE) foi medida na maioria das experiências bem sucedidas como 76, 120 e 230 J/(kg km), a velocidade do vento perto do solo foi de 2 -16 m/s (a última é significativamente afetada), a humidade do ar foi de cerca de 6 - 12 g/kg. Ao mesmo tempo, verificou-se que, numa atmosfera saturada de água, jactos térmicos muito fracos com um raio de 1-10 metros podem obter energia de condensação a uma altura até 4 km, o que depende pouco do aumento da temperatura inicial. A maioria das experiências,~ 90%, levou à criação ou desenvolvimento de nuvens de Cu, e algumas delas demonstraram precipitações em massa de cerca de 15%. O equipamento para o fluxo térmico ascendente foi denominado Meteotron, foi baseado em 4 e até 10 motores a jato turbo RD-3M-500 que proporcionam uma temperatura inicial no jato de cerca de 440 C, uma taxa de fluxo inicial de 350 m/s. Os cálculos efectuados demonstraram uma boa coincidência com os resultados experimentais.

Quase todas as tentativas anteriores de criação de nuvens artificiais e de precipitação previam o aquecimento da atmosfera superficial através de várias fontes de calor. Em 1960-1970, em França e na URSS, foram efectuados vários estudos sobre a possibilidade de criar nuvens artificiais e precipitação utilizando os sistemas de motores de potência, os meteotrons, nos quais se queimavam abundantemente produtos petrolíferos. Os meteotrons utilizados em França [40,41] continham 100 ou mais queimadores a jato localizados numa área quadrada com um lado de 125 m [40] ou um raio de 36 m [42]. As experiências francesas mencionadas indicam que, em função do número de queimadores em funcionamento, estes meteotrões queimavam entre 60 e 105 toneladas/hora de gasóleo e a sua potência atingia entre 700 e 1000 MW. As experiências realizadas em França no planalto de Lannemesan, que duraram de 5 a 40 minutos [40,42], mostraram que as correntes ascendentes criadas por queimadores individuais a uma altura de 10 m se fundiam num jato comum, que tinha um raio de cerca de 70 m e uma subida média de temperatura em relação ao ar ambiente $\Delta T = 50\ °C$, bem como uma velocidade de elevação de 3-4 m/s. Observou-se também que as correntes ascendentes atingiam uma altitude de 800-1300 m, mas não mais de 1600m. O jato pode ter perfurado camadas de inversão de temperatura até 150 m de espessura, localizadas abaixo dos 1000 m.

O Instituto de Geologia e Geofísica do Ramo Siberiano da Academia Russa de Ciências fabricou um meteotrão com 60 lança-chamas a jato, queimando então cerca de 430 toneladas/hora de gasóleo, a sua potência atingiu 5000-6000 MW. As correntes de ar ascendentes e o fumo negro em algumas das 8 experiências atingiram alturas de até 3 km visualmente. Os Meteotrons do Instituto Politécnico de Chelyabinsk foram construídos com 8 tipos de aquecimento de ar por 10 a 100 bocais centrífugos com um consumo de gasóleo de 7 a 30 toneladas/hora, desenvolveram uma potência de jato de 80 a 400 MW [43, 44]. Os meteotrões do Instituto de Geofísica Aplicada da URSS, com 4 e 10 motores a jato, tinham uma potência de 200-500 MW [32].

Com base em estudos teóricos e experimentais sobre o desempenho de vários princípios físicos para estimular a convecção numa atmosfera sem nuvens, foi proposto um novo método para criar correntes ascendentes, nuvens artificiais e precipitação [45] utilizando um jato de flutuação dirigido verticalmente e saturado com três tipos de aerossóis higroscópicos com diferentes pontos higroscópicos. Neste caso, o jato serve para iniciar fluxos ascendentes, e a condensação do vapor de água num aerossol higroscópico grosseiramente disperso pode levar à reposição de energia e a um aumento da flutuabilidade dos jactos ascendentes devido à libertação de calor de condensação. As experiências modernas dos últimos 5 anos utilizam 2 motores de avião e uma combustão intensiva de combustível nos mesmos [46]. Cálculos numéricos detalhados indicam que os jactos resultantes indicam forte turbulência ao longo de todo o seu comprimento devido à elevada velocidade do ar (<300 m/s) e temperatura (<300° C) no início. Investigações recentes [46] mostraram flutuações na velocidade e temperatura e movimento turbulento do gás abaixo e até uma altura de 1 km. Note-se que um jato turbulento envolve muitas camadas limite de ar frio, o que pode levar a perdas da sua energia.

Vamos analisar e comparar este método tradicional de jactos turbulentos de motores de aviões e o método de jactos flutuantes com sirenes aqui apresentado. Um jato de ar quente ascendente com forte turbulência ao longo de todo o seu comprimento perderá a maior parte da energia inicialmente armazenada devido ao arrastamento demasiado ativo do ar frio circundante. Note-se que a natureza utiliza o fluxo laminar flutuante de uma grande praça aquecida em terra ou lago/mar para transportar ar húmido adicional para a altitude para a condensação e produção de nuvens, pelo que o fluxo laminar sem perdas é uma vantagem inerente ao método aqui desenvolvido. O método apresentado das sirenes aquecidas assume níveis intermédios de potência, 50-200 MW, pelo que utiliza o aquecimento intermédio (30-90° C) e a velocidade inicial (5-20 m/s), mas o diâmetro inicial do jato é maior devido à utilização de uma série de sirenes aquecidas com outros tipos de casas aquecedoras incorporadas. Por conseguinte, os jactos resultantes podem ser ajustados com um fluxo de ar laminal na zona central e ser menos turbulentos nos lados, sem bifurcações fortes, como demonstrado nos cálculos [46] para os jactos tradicionais de 2 motores de avião. Assim, a caraterística dos jactos de ar laminal é que os nossos jactos mais calmos permitirão, por conseguinte, fornecer mais vapor e partículas em tempo sem vento. A análise apresentada a seguir apresenta uma grande quantidade de fórmulas analógicas que permitem ver os parâmetros principais com os papéis dos parâmetros principais para os processos envolvidos. A análise apresentada permite uma avaliação rápida dos resultados afectados pelas mudanças meteorológicas durante a experiência.

Uma abordagem teórica pormenorizada criou um modelo especial para os jactos Meteotron, que apresentou uma excelente concordância com as experiências [32]. Este modelo é baseado na lei da conservação da massa, da conservação do momento de movimento, da conservação da energia e da conservação da humidade, tendo vários autores [47] aplicado com sucesso uma abordagem semelhante. Tal como [32] e outros autores, assumimos que o modelo de jato 1-D pode ser descrito pela linha média, desenhada pelo centro de impulsos da secção do jato, e o envolvimento do meio circundante no jato pode ser descrito de acordo com a hipótese comum mas mais simples [33]. Durante os nossos cálculos anteriores, a teoria do trabalho [32] foi considerada como a teoria de base mais adequada para jactos aquecidos artificialmente com energia inicial moderada, pelo que é apresentada e utilizada na primeira parte.

Uma opção é a utilização do forno especial [48], que é fabricado para expor as nuvens por AgI com o objetivo de aumentar a precipitação, podendo ser utilizado em montanhas para colocar o pó numa atmosfera com temperatura negativa. A opção mais potente para obter um jato vertical de ar quente é uma campânula metálica aquecida de um gerador acústico; pode ser um aquecimento adicional das paredes da campânula ou o bombeamento de ar quente para o interior da campânula para voar para cima. A campânula pode ser pintada de preto para absorver a energia solar gratuita para o seu próprio aquecimento. O número de diferentes elementos aquecidos ajuda a formar o jato de ar ascendente aquecido combinado o mais alto possível. O comportamento dos jactos aquecidos depende do estado da atmosfera. Para determinar o estado da atmosfera, estável, instável ou indiferente, são utilizados vários métodos e dispositivos [49-56], porque há informações muito importantes para as caraterísticas do jato e a sua altura limite.

O desenvolvimento de tecnologias integradas alargará a gama de condições meteorológicas adequadas para os impactos das nuvens. É por isso que a combinação de vários métodos no mesmo volume atmosférico, nomeadamente o pó de reagentes químicos introduzido no jato de calor ascendente e a exposição acústica, ou outras combinações, são promissoras. Com esta combinação, o jato de calor assegurará o fornecimento de partículas formadoras de gelo ou higroscópicas à nuvem ao nível da condensação das gotículas, e as ondas acústicas aumentarão a colisão, a coalescência e a turbulência nos fluxos de ar. O equipamento aqui apresentado proporciona uma maior área da fonte de calor, uma subida lenta devido à flutuabilidade e menos ar aquecido, o que permite uma subida laminar do ar no interior do jato térmico e uma fraca turbulência apenas nas suas extremidades. Naturalmente, este modelo é válido em tempo calmo; o vento lateral deforma certamente o jato.

I. Caraterísticas energéticas dos jactos térmicos artificiais na atmosfera

I.1. Equipamentos acústicos com aquecimento por jato de ar

O tema da primeira parte é a análise das variantes criadas artificialmente para o fluxo térmico vertical ascendente e os cálculos das suas caraterísticas principais. As fontes térmicas são consideradas como uma combinação óptima de um número de fogões especiais e sinos metálicos aquecidos que são partes do ressonador de geradores acústicos. Estes sinos podem ser pintados de preto para absorver a energia solar, e o seu aquecimento natural revelou-se bastante grande para formar um jato ascendente aquecido de acordo com os cálculos abaixo.

Os parâmetros de diferentes aquecedores possíveis para o ar sob a forma de um forno especial com um reagente são brevemente descritos no artigo [24], ver também a especificação da empresa do AgI é apresentada [48]. O forno evapora o iodeto de prata de tal forma que a carga inicial é queimada com um catalisador no forno a uma temperatura de T $\approx 1260_{st}°$ C. Os parâmetros do forno são: O teor de AgI é m$\approx$ 11 g/ramo, o catalisador total é $M = 535\pm5$ g, a taxa de nucleação de AgI é de cerca de $1,03\times 10^{15}$ único por grama, o tempo de queima do catalisador é de 6 minutos, o fogão tem volume interno do tubo $U = 50$ litros $= 0,05$ m^3 , comprimento $= 398$ mm, o diâmetro do tubo é 46,5 mm, portanto seu raio $R_{st} = 23,25$ mm $= 0,02325$ m. O princípio do impacto na atmosfera é o seguinte. O fluxo ascendente de ar aquecido, juntamente com as partículas mais pequenas de AgI, sai do tubo do forno a uma velocidade inicial, w_{st} , que pode ser estimada a partir do balanço energético em (I.1). O objetivo aqui é a avaliação da velocidade do ar que sai do forno, a fim de avaliar a sua contribuição para as possibilidades de um jato ascendente combinado na consideração futura. A massa da carga na fornalha, M, queima ao longo do tempo, $t =$ 6 min, para produzir uma energia Q_{st0} . O calor específico de combustão da carga é considerado aproximadamente igual a este parâmetro para o carvão e é cerca de L_{st} = 3×10^7 J / kg. Esta energia é gasta no aquecimento da fornalha com o ar que entra durante 6 minutos Q_{st1} , e na energia cinética do ar que sai, Q_{st2} , com velocidade w_{st} .

A perda é minimizada com uma conceção óptima, com uma eficiência superior a 90%. Este último termo em (1.1) é igual à energia cinética do ar que sai, ou seja, a massa de ar (entre parêntesis) multiplicada pelo quadrado da sua velocidade perto da secção transversal do tubo de acordo com a fórmula de Bernoulli, e a massa é multiplicada pelo tempo para dar a massa total do ar ejectado, uma vez que isto corresponde à combustão completa de uma porção da mistura durante 6 minutos. Esta energia é gasta no aquecimento da massa de ar Q_{st1} e da sua energia cinética Q_{st2} do ar de saída com a velocidade pretendida, como se segue:

$$Q_{st0} = Q_{st1} + Q_{st2}$$
$$ML_{st} = T_{st}C_p\rho\left(U_{st}+U_a\right)+\left(\rho\pi R_{st}^2 w_{st}\right)tw_{st}^2/2$$

(I.1)

Há uma temperatura adicional do ar no interior da estufa T_{st} = 1260° C=1533 K, capacidade térmica específica do ar a pressão constante C_p = 1005 J/(kg K) e densidade do ar aquecido ρ (T) = 0,6 kg/m^3 . Existe um volume adicional de ar exterior, U_a , que deve ser envolvido e aquecido no interior do recuperador para ser introduzido no jato durante o seu tempo de funcionamento, $U_a = \pi R_{st}^2 w_{st}t$. A reorganização de (I.1) conduz à fórmula seguinte:

$$ML_{st} = T_{st}C_p\rho U_{st} + T_{st}C_p\rho\pi R_{st}^2 tw_{st} + \rho\pi R_{st}^2 tw_{st}^3/2$$

(1.2)

O resultado da solução numérica da equação (I.2) indica uma velocidade ascendente do ar $w_{st}\approx$ 34,52 m/s perto do tubo do fogão. A temperatura do ar no interior do fogão é T $_{st}\approx$ 1260° C, mas a secção transversal do tubo de saída do fogão é demasiado pequena, mas o resultado do jato de um fogão é muito fraco e pequeno, como se pode ver nos quadros I.3.

O aquecimento de um sino metálico pelo sol na China, na primavera ou no verão, pode ser suficiente para criar a sua própria contribuição significativa para o jato ascendente aquecido combinado. As fotografias do equipamento acústico com ressonador de sinos são apresentadas na Figura I.1a-b.

Figura I.1a. As duas sirenes acústicas são apresentadas com a campainha metálica e o rotor azul na parte inferior.

Figura I.1b. Equipamento experimental da direita para a esquerda: sirene abaixo e campainha acima da campainha; tanque de ar azul à pressão de 6 atmosferas; tubo flexível amarelo para colocar ar comprimido na parte rotativa da sirene; diesel de cor laranja que comprime o ar até 0,8 MPa de pressão de escape através da bomba $9,2m^3$ /min no tanque de ar azul.

I.2. Aquecimento solar natural do ar no interior de um ressonador acústico de grandes dimensões

O aquecimento natural máximo da campainha através da energia do sol é proporcionado pela elevada absorção (~ 100% em dia de sol) da energia solar no corpo metálico preto. Para obter o máximo ganho, os sinos de metal devem ser pintados de preto. Em primeiro lugar, calcular o aquecimento natural do sino em forma de semi-esfera pela luz solar. O fluxo de ar ascendente resultante, ou o fluxo térmico, obterá a altitude z devido ao sobreaquecimento de uma semi-esfera metálica em comparação com a temperatura ambiente inicial. Assume-se que a campânula metálica situada no solo é bastante grande, com um raio de cerca de $R_b \sim$ 1,5 - 2 metros, mas a possível combinação de várias campânulas próximas umas das outras aumenta a sua área inicial aquecida com o aumento do raio do fluxo do jato até R_{jet0} . O cálculo da temperatura adicional T_b devido ao aquecimento das campânulas pela radiação solar é dado a seguir. A constante solar GSC = 1362 W/m^2 [57] indica a soma da radiação do sol no espetro visível. Apenas parte desta potência de radiação atinge o solo, mas diminui parcialmente devido à absorção atmosférica, à distância do equador, à existência de nuvens, à hora do dia, à estação do ano e a outros factores. Os autores dos artigos [58, 59] mediram a potência da radiação solar que entra na superfície da Terra nas regiões centrais da China em diferentes estações, pelo que apresentaram estes dados medidos para a potência solar recebida por unidade de superfície em todo o espetro de luz visível, P_s ; Na primavera, $P_s = P_{sp} \approx$ 300 W/m^2 , no verão $P_s = P_{su} \approx$ 300 W/m^2 , no outono $P_s = P_{au} \approx$ 200 W/m^2 e no inverno $P_s = P_{wi} \approx$ 150 W/m^2 . A área de superfície iluminada da semi-esfera metálica é aproximadamente $S_{ss} = 2\,R\pi_{ss}^2 \approx$ $18,15\ m^2$ para R_{ss} = 1,7 m. A energia absorvida resultante por segundo é a seguinte $Q_s = P\,S_s \times_{ss}$. A energia solar absorvida por segundo nas estações mencionadas é:

$$Q_{sp} \approx Q_{su} \approx 5{,}445 \text{ kW}; \ Q_{au} \approx 3{,}630 \text{ kW}; \ Q_{wi} \approx 2{,}723 \text{ kW}$$

$$(I.3)$$

É importante notar que a fixação da campânula à terra deve ser isolada com um tapete de borracha para evitar perdas de calor. A diferença entre o isolamento do solo com ou sem borracha foi investigada experimentalmente como um fator importante, ver também a parte III. A temperatura do aquecimento adicional do sol, T_{ls} , depende da energia de entrada Q_{sp} ou etc. A energia absorvida no interior do corpo metálico é Q_s

$= C\,U\,T_p\rho_{bbls}$, com a capacidade térmica do material C_p , a massa do corpo, $M_b = U_b\rho_b$, e o seu volume, U_b , e a densidade do material, ρ_b . Suponha que o raio aquecido, o sino aquecido com volume e massa de metal são: $U_b = S\,h_{ss}x_{wall}\approx$ 0,0545 m^3 , e $M_b = U\rho_{bb}\approx$ 425 kg. A espessura das paredes metálicas da semi-esfera é $h_{\text{wall}} = 3$ mm, a superfície lateral de uma semi-esfera é $S_{ss} = 2\,R\pi_b{}^2 \approx 18,15$ m^2 , a densidade do aço ρ = 7800 kg/m3 , a capacidade térmica do aço é $C_p = 500$ J/(kg K). A energia absorvida Q_s deve ser aproximadamente igual à energia recebida do sol Q_{su} . De acordo com as equações (I.3), a energia e a temperatura para o aquecimento do corpo são as seguintes

$$T_{Is}\ = Q_s\,/\,(C\,M_{\rho b})= P_s\,/\,(C\,h)_{pwall}\rho_b$$

(I.4)

Os resultados são calculados de acordo com (1.4) para a taxa de temperatura T_{Is} por segundo e apresentados na linha 5th da Tabela I.1. Após a multiplicação pelo tempo de 1 hora, 3600 s, o aquecimento do sol durante 1 hora é calculado aproximadamente e apresentado na última linha da Tabela I.1.

O aquecimento natural diário para as diferentes estações do ano pode ser calculado da seguinte forma. Em latitudes altas e médias, existe um ângulo com o horizonte, $\varphi°$, que aumenta a trajetória da luz através da altura H da atmosfera, de acordo com o valor $H/sin(\varphi$). A atenuação da intensidade solar aumenta em função do ângulo de incidência, φ , devido ao aumento da trajetória da luz solar na atmosfera devido à absorção da luz. O ângulo pode ser calculado nos diferentes locais do planeta em função da latitude e longitude, de acordo com cálculos em linha [60] ou com um algoritmo apropriado [61]. Os ângulos de luz solar, φ , são determinados para a China, Pequim, com as coordenadas 39°54′26″ N , 116°23′50″ E. Os resultados φ (t) são determinados para cada hora do dia, desde o nascer do Sol às 5 horas da manhã até às 20 horas da noite. Os resultados φ (t) são apresentados na Figura I.2, e as curvas 1, 2, 3 e 4 correspondem a 22 de junho, 22 de maio, 22 de setembro e 22 de janeiro de 2021.

Em primeiro lugar, a intensidade da radiação, I_L in W/m , ^{2} depois de percorrer a distância atmosférica $L,$ diminui de acordo com a intensidade inicial, I_0 , e com a absorção da luz atmosférica segundo a lei de Beer-Lambert-Bouguer [62]:

$$I_L = I_0 \times \exp(-\alpha \times L)$$

(I.5)

O coeficiente de absorção,α , em km^{-1} , depende da absorção da luz pela composição gasosa das atmosferas. Perto do solo, no equador, a intensidade solar é máxima, ou seja, cerca de $I_0 \approx 1000$ W/m^2 , mas suponha que $I_L = P_{sp}$ ou P_{su} e etc., de acordo com os dados em (I.3) para cada uma das quatro estações consideradas, há $I/I_{L0} \approx$ 0,3, 0,3, 0,2 ou 0,15, respetivamente. Osφ_{max} correspondem ao ângulo máximo do sol ao meio-dia, mas o comprimento do trajeto, $L = H / \sin\varphi$, é variado para uma penetração do sol na atmosfera devido a diferentes ângulos em relação ao horizonte noutros momentos, assumindo a altitude atmosférica H. A equação correspondente é a seguinte $P_{(sp\varphi)}/I_0 = exp[-H/\sin\alpha\varphi]$. Os cálculos resultantes para o ângulo do Sol em relação ao horizonte,φ de manhã, ao meio-dia ou ao fim da tarde, em cada hora, são calculados e apresentados na Figura I.2, com dados adequados para a primavera, o verão, o outono e o inverno, respetivamente. Utilizando a relação anterior, o fator de absorção desconhecido comumα H pode ser calculado e simplificado para o valor máximo ao meio-dia, de acordo com a seguinte fórmula para cada estação e dados:

$$\alpha H = sin(\varphi_{max}) \times ln(P_s/I_0) \ .$$

Os cálculos paraφ_{max} e $1/\sin\varphi_{max}$ foram obtidos e apresentados em 2 - 3 linhas na Tabela I.1 em 22 de maio, 22 de junho, 22 de setembro e 22 de janeiro, respetivamente. A potência de entrada de luz solar por unidade quadrada, $P(\varphi_{max})$ por 1 hora ao meio-dia em W/m^2 , foi calculada e apresentada na linha 4th do Quadro I.1 com os mesmos dados na primavera, verão, outono e inverno. A temperatura adicional de sobreaquecimento na semi-esfera considerada foi calculada e apresentada nas linhas 5 da Tabela I.1. Estudos teóricos e experimentais de sopro intensivo de ar por fluxo foram efectuados no estudo [63], onde se demonstrou que a diminuição resultante da temperatura do corpo aquecido é de cerca de 70%. Este efeito de arrefecimento é incluído para a temperatura $T_{b0} = T k_{1s} x_1$ em graus por hora para a semi-esfera metálica com o coeficiente $k_l \approx 0,3$ para ter em conta as perdas. A temperatura resultante é calculada e apresentada na linha 6 do Quadro I.1.

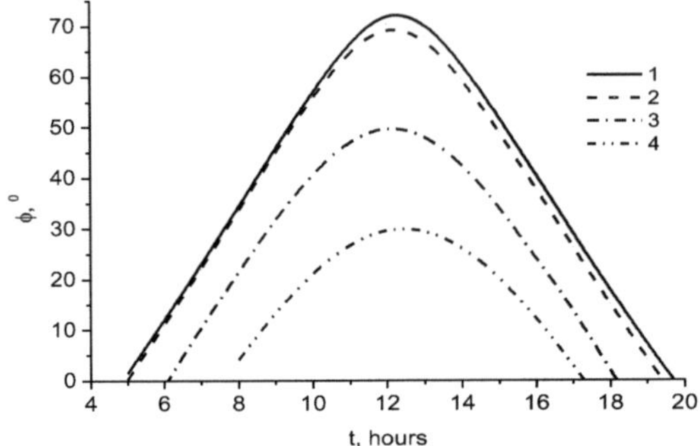

Figura I.2. Ângulo do sol acima do horizonte em função da hora do dia, *t*, horas; as curvas 1, 2, 3, 4 correspondem a 22 de junho, 22 de maio, 22 de setembro e 22 de janeiro de 2021, respetivamente, na China.

Tabela I.1. Ângulo de entrada do sol φ e intensidade P_s em W/m^2 ao meio-dia na China, temperatura adequada T_{ls} , e calor resultante de um sino perto do solo $T_b = T_{ls} \times 0,3$ graus por hora para um sino preto nas datas de 22 de maio, 22 de junho, 22 de setembro ou 22 de janeiro de 2021.

Dia, estação	22 de maio	22 de junho	22 de setembro	22 de janeiro
φ_{max} ,°	70.3	73.2	50.4	30.1
$1/\sin\varphi_{max}$	1.06	1.05	1.30	1.99
$P_s(\varphi)$, W/m^2	300	300	200	150
T_{ls} , °/s	$2,56 \times 10^{-2}$	$2,56 \times 10^{-2}$	$1,71 \times 10^{-2}$	$1,28 \times 10^{-2}$

T, /hora$_b$ °	28	30	18.5	14

Avaliemos as perdas de energia solar conhecidas e generalizadas em relação ao corpo negro. Assumindo a absorção máxima da intensidade solar~ 100% para a semi-esfera metálica durante um dia solarengo de verão. Ao mesmo tempo, o corpo negro aquecido pode perder parte da energia devido à retro-irradiação no espetro infravermelho (IV). Assim, um corpo negro absoluto pode perder uma parte da energia, Q_{SB} , através da radiação, de acordo com a lei de Stefan-Boltzmann $Q_{SB} \sim \sigma \times T^4$, com a temperatura (em Kelvin),σ é a constante de Stefan-Boltzmann [62]$\sigma = 5,67 \times 10^{-8}$ W-m^{-2} -K^{-4} . As temperaturas consideradas de acordo com os cálculos da fórmula (I.4) e da Tabela I.1 indicam perdas de cerca de $Q_{SB} \sim 5,7$ W/m^2 , que é um valor pequeno em comparação com a potência de entrada do sol $P_i = 300$ W/m^2 . Por conseguinte, as perdas e o arrefecimento devidos ao efeito da retro-radiação no espetro infravermelho podem ser inferiores a 2%, o que é pouco. É igualmente necessário reduzir as perdas de calor que podem efetivamente passar do corpo aquecido para o solo através da otimização da fixação para um contacto com o solo. Uma vez que o corpo metálico tem juntas de borracha sob as estruturas de suporte, estas minimizam o efeito indesejável de desviar parte da energia de aquecimento para o solo húmido. Note-se que a cobertura parcial de nuvens pode reduzir efetivamente o aquecimento natural da caixa metálica, o que deve ser tido em conta. Uma fonte adicional de perda de calor num corpo aquecido é causada pelo vento horizontal perto do solo. Uma vedação adicional à volta dos sinos aquecidos pelo sol ajudará a reduzir estas perdas de energia. Um cálculo hidrodinâmico completo dos fluxos de vento natural em torno de um corpo aquecido é demasiado complicado devido à diversidade destes ventos. Para fazer face às circunstâncias mencionadas neste estudo, introduzimos 70% para ter em conta possíveis perdas de vento que são aqui explicadas. Os resultados destes cálculos simples são apresentados no Quadro I.1 com um aquecimento mínimo da campânula. Note-se que a temperatura real de sobreaquecimento do sino pode ser duas vezes superior em dias sem nuvens na primavera/verão.

Para além do aquecimento natural do ar, o sistema alternativo é possível soprar um ar sobreaquecido do fundo para a campânula através de uma sirene rotativa. A construção da campainha e o ar comprimido são boas opções para aplicar um forte aquecimento artificial do ar no fluxo ascendente sob a sirene. Esta possibilidade da sirene pode ser usada para pré-aquecer o ar a uma temperatura de 50 - 70° C acima do ambiente. O aquecimento natural e artificial da semi-esfera é analisado no presente estudo para obter fluxos térmicos eficientes dos sinos das sirenes aquecidos.

O sobreaquecimento natural de uma semi-esfera preta considerada durante 1 hora ao meio-dia pode ser alcançado simplesmente com $T_b \approx 30°$ na estação primavera-verão na China, este valor despretensioso é frequentemente utilizado para as avaliações que se seguem. É também óbvio, a partir das estimativas aproximadas apresentadas, que, em tempo de sol sem vento, uma campânula metálica pode aquecer mais de 50° C ao sol durante algumas horas, pelo que é aconselhável medir este valor em dias diferentes com sensores de temperatura fixados diretamente na campânula metálica.

I.3. Temperatura e efeito de flutuação para um ar acima de sinos metálicos aquecidos

Calcular a temperatura no interior e no exterior do jato térmico com o aumento da altitude, z. A temperatura do ar no exterior do jato, T_{out} (z) em° C, diminui com a altitude, z, na atmosfera padrão de acordo com a fórmula:

$$T_{out}(z) = T(0) - z\gamma$$

(1.6)

O gradiente de temperatura na atmosfera é $\gamma = dT / dz \approx 0.0065^0 C / m$, este é o seu valor típico. Por exemplo, $T(0) = 30°$ C é a temperatura do ar ambiente perto do solo. A área do jato térmico e o seu raio aumentam com a altitude, dependendo do ângulo lateral de um jato, θ , como se segue:

$$R(z) = R_0 + z \times tg\theta \approx 0 + 0.2z \approx 0.2z$$

20

(I.7)

O valor típico do ângulo lateral de expansão do jato térmico é $tan(\,)\,\theta_{max} \approx 0,2$. Uma intensidade de massa de ar injectada do meio envolvente no fluxo térmico é caracterizada pelo coeficiente de troca α_{mid}. Pode ser calculado pela fórmula empírica [33] com a altitude z:

$$\alpha_{mid}(z) \approx 3 \cdot tg(\theta) / R(z)$$

(I.8)

É utilizado um valor constante médio $\alpha_{mid} \approx 3/z \approx 0,003$ m^{-1} em cálculos posteriores; é também proposta uma fórmula empírica $\alpha_{mid}\,(z) \approx 3/(17+z)$ em [33]. A temperatura no interior do jato $T_{jet}\,(z)$ numa atmosfera politrófica com estratificação estável ($-\gamma_a\,\gamma > 0$), e constante α de acordo com (I.8) tem uma fórmula [33] que depende da altitude:

$$T_{jet}(z) \approx T_{jet0}\,e^{-\alpha_{mid}\times z} - \frac{\gamma_a - \gamma}{\alpha_{mid}}\left(1 - e^{-\alpha_{mid}\times z}\right) + T(0) - \gamma z$$

(I.9a)

Em particular, colocar $T_{jet0} = T_b$ como ar sobreaquecido inicial dentro do jato térmico em comparação com a temperatura do ar circundante $T(0)$. A taxa de lapso adiabático seco é $\gamma_a = g/C_p \approx 0,01$, por exemplo, a temperatura do ar circundante perto do solo é $T(0) = 30°$ C. No interior do jato, a função relacionada com a temperatura do ar sobreaquecido $T_{jet1}\,(z)$, em comparação com a temperatura do ar circundante à mesma altitude $T(z) = T(0)\,-\gamma\,z$ é a seguinte:

$$T_{jet,1}(z) = T_{jet0}\,e^{-\alpha\times z} - \frac{\gamma_a - \gamma}{\alpha}\left(1 - e^{-\alpha\times z}\right)$$

(I.9b)

O cálculo do sobreaquecimento do jato, $T_{jet,1}\,(z)$, de acordo com a fórmula (I.9b) é substituído nas fórmulas (I.14 - I.15) tendo em conta diferentes sobreaquecimentos iniciais do jato $T_{jet0} = 30$, 50 ou $70°$ C perto de um sino aquecido. Os resultados dos cálculos com (I.9b) para o sobreaquecimento do jato que diminui na atmosfera com a altitude são apresentados na Figura I.3, dependendo do sobreaquecimento inicial do jato. Note-se que existe um modelo 1D aproximado para a dinâmica do sobreaquecimento do jato, que descreve a realidade tanto melhor quanto maior for o raio do jato combinado com o número de fontes de calor. O modelo 3D moderno e a abordagem analítica mais exacta são descritos no final do primeiro capítulo.

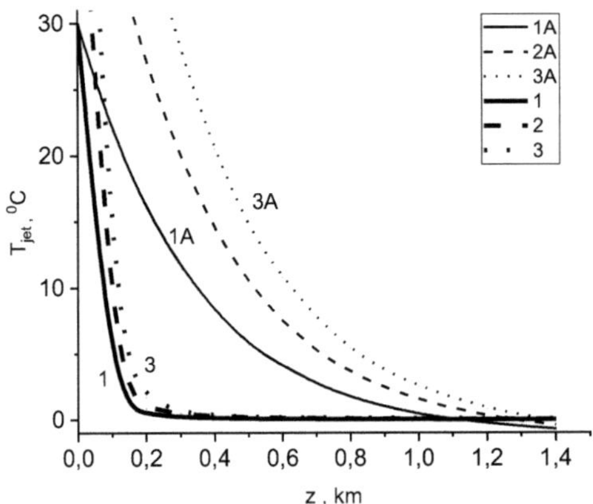

Figura I.3. Dinâmica do sobreaquecimento do jato na atmosfera a uma altitude de z km; sobreaquecimento inicial do jato T_{jet0} = 30° C nas curvas 1, 1A; T_{jet0} = 50° C nas curvas 2, 2A; T_{jet0} = 70° C nas curvas 3, 3A. As curvas 1A, 2A, 3A são calculadas com a fórmula 1D (I.9b); as curvas 1, 2, 3 correspondem à fórmula (I.35a-b) com o modo Wulfson-Levin melhorado [32].

O modelo [33] indica o topo do jato durante o fluxo ascendente adiabático como altitude $z = z_T$ existe igualdade para as temperaturas do ar no interior e no exterior, T_{iet} $(z)_T \approx T_{out} (z_T)$. A fórmula seguinte corresponde ao topo do jato térmico:

$$z_T \approx \alpha_{mid}^{-1} \ln\left[1 + \alpha_{mid} T_{jet0} (\gamma_a - \gamma)^{-1}\right]$$

(I.10a)

Foram efectuadas séries de cálculos, $z_T (T_{jet0})$, de acordo com a fórmula (I.10a) para

22

uma atmosfera estável com $\gamma = 0,0065$, e $\gamma_a \approx 0,01$ na massa de ar envolvendo o coeficiente $\alpha_{mid} \approx 0,003$ no interior do jato. Os resultados correspondentes do topo do jato baseiam-se no sobreaquecimento da temperatura inicial, $T_{jet0} = 10 - 70°\,C$:

$Z_T \approx 753$ m a $T_{jet0} = +10°\,C$; $Z_T \approx 1095$ m a $T_{jet0} = +30°\,C$;

$Z_T \approx 1260$ m a $T_{jet0} = +50°\,C$; $Z_T \approx 1370$ m a $T_{jet0} = +70\,C°$

$$(\text{I.10b})$$

A razão para a subida de um ar aquecido na atmosfera é a força de flutuação. Analisemos os efeitos de flutuação do ar aquecido no interior do jato térmico por cima de campainhas e fogões aquecidos. A densidade da mistura de gases em função do vapor de água parcial, ρ_w, e do ar seco, ρ_a, é expressa da seguinte forma:

$$\rho = \rho_a + \rho_w = \frac{P_a}{R_a T} + \frac{e}{R_w T} = \frac{P_a - e}{R_a T} + \frac{e}{R_w T} = \frac{P_a}{R_a T}\left[1 - \frac{e}{P_a}\left(1 - \frac{R_a}{R_w}\right)\right]$$

$$\approx \frac{P_a}{R_a T}\left[1 - \frac{e}{P_a}\left(1 - \frac{\mu_a}{\mu_w}\right)\right]$$

$$(\text{I.11})$$

A pressão parcial do vapor de água saturado é e e a pressão atmosférica é P_a. As constantes gasosas do ar e do vapor de água são R_a e R_w; o peso molecular do ar seco é μ_a e o do vapor de água é μ_w, respetivamente. A fórmula resultante para a densidade da mistura de gases é a seguinte, em kg/m^3 :

$$\rho(e,T) \approx \frac{P_a}{R_a T}\left[1 - 0.38\,\frac{e(T)}{P_a}\right]$$

$$(\text{I.12})$$

A diferença de densidade do gás dentro/fora do jato térmico depende da altitude e pode ser apresentada através da fórmula seguinte:

$$\Delta\rho(z)=\left(\rho_{out}-\rho_{jet}\right)=\left\{\frac{P_a}{R_aT_{out}(z)}\left[1-0.38\frac{e_{out}(z)}{P_a}\right]-\frac{P_a}{R_aT_{jet}(z)}\left[1-0.38\frac{e_{jet}(z)}{P_a}\right]\right\}$$

(I.13)

A pressão de vapor de água saturada, $e(T)$ em Pa, depende da temperatura, T, em K:

$$e(T)\approx e_{T=0}\times\exp\left[\frac{L}{R_w}\left(\frac{1}{T_0}-\frac{1}{T}\right)\right]\approx e_0\exp\left[\frac{L(T-T_0)}{R_wT_0T}\right]$$

(I.14)

Há $e=e_{T=0\,0}\approx611$ Pa a $T_0=273$ K, o calor latente de evaporação da água é $L=2500$ kJ/kg, e a constante do gás vapor de água é $R_w=461,5$ J/(kg× K). A temperatura em (I.14) indica a temperatura fora ou dentro do jato, $T=T_{out}(z)$ ou $T=T_{jet}(z)$. Suponha-se que, para cada altitude z considerada, o valor $T=T_{out}(z)$ é obtido a partir da equação (I.6), mas $T=T_{jet}(z)$ é calculado com (I.9a) para ser introduzido em (I.14), mas os valores T_0, $T_{jet}(z)$ e $T_{out}(z)$ devem ser transferidos de° C para graus Kelvin por adição a 273 K. A fórmula (I.14) e a explicação apresentada servem para calcular os valores $e_{out}(z)$ e $e_{jet}(z)$, ambos introduzidos na fórmula principal (I.13). O resultado$\Delta\rho(z)$ foi calculado e apresentado na Figura I.4 para diferentes sobreaquecimentos iniciais T_{jet0} = 30, 50 ou 70 C° e ar circundante próximo do solo $T_{out}=30°$ C. Determinemos a relação $/\Delta\rho\rho_{jet}$ através da fórmula resultante:

$$\frac{\Delta\rho(z)}{\rho_{jet}(z)}\approx\frac{\rho_{out}}{\rho_{jet}}-1\approx\left\{\frac{T_{jet}(z)}{T_{out}(z)}\times\frac{P/(e_0\times RH)-0.38\exp\left[(T_{out}-T_0)L/(T_{out}T_0R_v)\right]}{P/(e_0\times RH)-0.38\exp\left[(T_{jet}-T_0)L/(T_{jet}T_0R_v)\right]}\right\}-1$$

(I.15)

É também introduzido o fator de humidade do ar, $RH\le1$. As equações (I.15-I.17) incluem as constantes: $g\approx9,8$ m/s^2 aceleração da gravidade $L/(R\ T)_{w0}\approx19,843$ K^{-1}, também $P/e_{a0}\approx$ 165,835 com a hipótese de pressão atmosférica constante $P_a=$ 101325 Pa dentro da altitude $z=0$ - 1 km. Em comum, a altitude depende da pressão atmosférica $P(z)=P_a\times exp[-\mu_a\,gz/(RT)]$ / mas este fator é negligenciado nas fórmulas (I.15), porque dá menos de 0,1% de alterações nos resultados. Utilizou-se a abordagem da flutuabilidade para calcular a velocidade de subida do ar, que está relacionada com a força de flutuabilidade perto do solo sobre sinos aquecidos. A força de empuxo, F_{bu}, eleva uma unidade de volume de ar devido a$\Delta\rho$ (z) :

$$F_{bu}(z) = g \times \Delta\rho(z)$$

(I.16)

Note-se que a força de empuxo é proporcional a$\Delta\rho$ no interior do jato aquecido e que uma temperatura do ar mais elevada na Figura I.4 implica uma maior elevação do jato.

Considere a velocidade inicial do ar devido à força de flutuação acima do sino aquecido. A energia relacionada, $Q_{bu} = F_{bu} \times z_1$, move o ar no interior do jato até à altura z_1 em metros que é igual à velocidade do ar durante o tempo do primeiro segundo, $z_1 = w_b$. Esta energia armazenada no interior do jato é gasta com a energia cinética, $Q_{bw} \approx \rho_{jet0} w_b^2 / 2$, para o movimento vertical de uma unidade de ar com velocidade w_b como se segue. A igualdade de energia tende para a fórmula:

$$g\Delta\rho z_1 \approx \rho_{jet0} w_b^2 / 2$$

(I.17a)

Existe uma densidade de arρ_{jet0} dentro do jato perto do solo devido ao sobreaquecimento térmico. Suponhamos que a igualdade e a avaliação da velocidade inicial do ar têm a seguinte fórmula:

$$w_b \approx 2g\Delta\rho / \rho_{jet0}$$

(I.17b)

Os resultados da velocidade inicial do jato, w_b , são calculados com (I.17b) com base nos valores iniciais de $/\Delta\rho\rho_{jeto}$ na Figura I.4, dependendo do sobreaquecimento inicial do ar no interior do jato:

$w_b \approx 0,50$ m/s ($T_{jet0} = 10°$ C); $w_b \approx 1,78$ m/s ($T_{jet0} = 30°$ C);

$w_b \approx 4{,}01$ m/s ($T_{jet0} = 50°$ C); $w_b \approx 8{,}81$ m/s ($T_{jet0} = 70°$ C);

(I.17c)

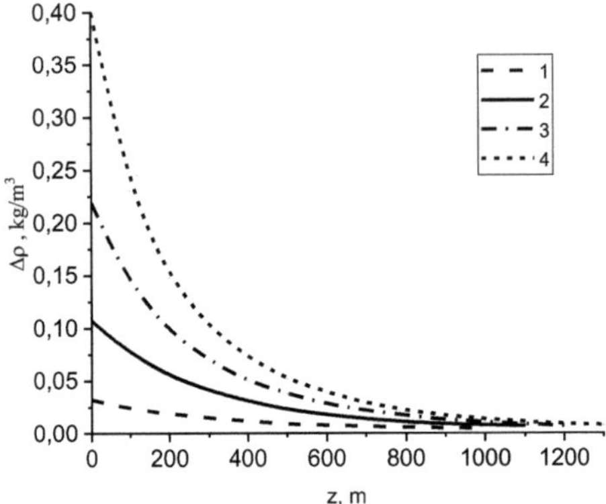

Figura I.4. Diferença de densidade do ar dentro/fora do jato $\Delta\rho$ de acordo com a fórmula (I.13) em função da altitude atmosférica z; as curvas 1, 2, 3 ou 4 correspondem ao sobreaquecimento inicial do jato $T_{jet0} = 10, 30, 50$ ou $70°$ C, o que corresponde a $q_b = 1$.

De acordo com a análise apresentada, a sugestão é o maior sobreaquecimento do jato próximo. Outra opção pode ser a introdução de ar aquecido adicional no interior da campainha da sirene. É possível a adição de vapor de água nas proximidades do jato térmico, perto do solo ou mais alto, para aumentar artificialmente *a HR*.

I.4. Energia do jato combinado e outros parâmetros

Muitas fontes térmicas juntas podem obter mais potência para o fluxo de ar ascendente. A combinação num terreno das fontes de aquecimento como o número de sinos metálicos pode ser utilizada juntamente com um número semelhante de fogões especiais mencionados acima. Estas diferentes opções são apresentadas na Figura I.5. Considere as quantidades de fogões intitulados como $q_s = 1, 2, 3, 5$ ou 13 com quantidades semelhantes de sinos indicados por $q_b = 1, 2... 13$. De um modo geral, o número e a construção das fontes de aquecimento utilizadas podem ser arbitrários para fornecer um jato de ar combinado. As opções consideradas a seguir são as mais convenientes para serem agrupadas num solo, e também porque os sinos de metal ainda são utilizados para a acústica. Parece que todas as fontes de calor devem estar localizadas no solo o mais próximo possível umas das outras para formar um único jato de ar ascendente aquecido com uma forte temperatura axial. A velocidade inicial média do ar perto da terra w é aproximadamente determinada num jato misto através da soma da contribuição de energia dentro do jato de calor composto de cada uma das fontes de calor devido às suas potências. As caraterísticas energéticas de cada um dos jactos unidos estão relacionadas com a potência térmica, Q_T, no jato próximo do solo, de acordo com as definições:

$$2\pi\rho_a \int_0^R w^2 r dr = Q_w \, , 2\pi\rho_a C_p \int_0^R wTrdr = Q_T$$

(I.18)

O Q_w significa impulso da unidade de ar, $R\pi^2_{jet0}\rho_a$ w , por segundo em kg m/s$\times^2$, ou quantidade de movimento; a densidade do ar é $\rho_a = 1,29$ kg/m^3 . Estes parâmetros ao longo do jato aquecido são considerados em simetria cilíndrica com um decréscimo quadrático típico na direção radial da temperatura e da velocidade do ar ascendente; as equações anteriores (I.18), após integração sobre a área da secção transversal do jato, têm formas:

$$Q_w = 2\pi a_1 \rho w_0^2 R_0^2$$

(I.19a)

$$Q_T = 2\pi a_3 \rho C_p w_0 T_{jet0} R_0^2$$

(I.19b)

A velocidade e a temperatura iniciais no interior do eixo do jato combinado perto do solo são w_0 e T_{jet0} . Note-se que as fórmulas (I.19b) descrevem um jato livremente ascendente na atmosfera para ar aquecido, pelo que estas caraterísticas são radicalmente diferentes das fórmulas (I.1- I.2), que descrevem um jato que escapa de um volume fechado de um fogão aquecido através de um orifício de pequeno diâmetro num tubo.

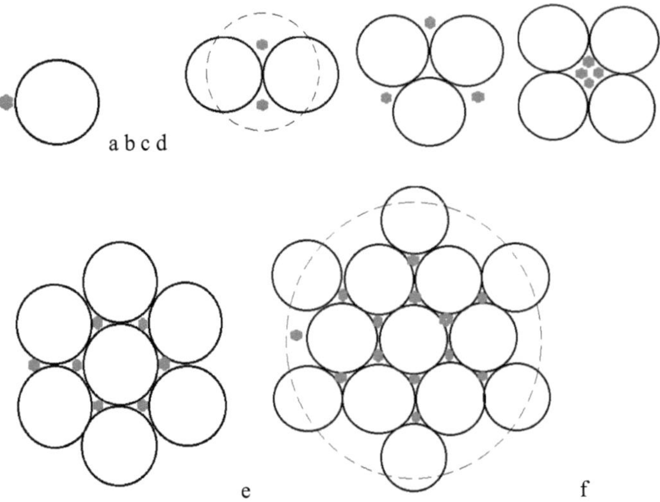

Figura I.5. Possibilidades da composição dos aquecedores no interior do jato combinado com $q_b = q_{st} = 1$ (a), 2 (b), 3 (c), 4 (d), 7 (e) ou 13 (f). Os círculos indicam sinos aquecidos, mas as pequenas estrelas cor de laranja indicam a possível localização de fogões sobreaquecidos. A linha a tracejado indica o diâmetro nominal inicial efetivo do jato combinado.

As caraterísticas energéticas do modelo de jato de ar combinado serão produzidas como uma soma de acordo com a definição (I.19b) e pela soma de cada fonte térmica que dá a sua própria contribuição parcial no fluxo de ar ascendente combinado. As caraterísticas energéticas do modelo de jato de ar combinado podem ser escritas através das somas dos aquecedores:

$$Q_T = 0.5\pi\rho_a C_p \left(w_b T_b R_b^2 \times q_b + w_{st} T_{st} R_{st}^2 \times q_{st} \right) ,$$

(I.20)

$$Q_w = 0.5\pi\rho_a (w_b^2 R_b^2 \times q_b + w_{st}^2 R_{st}^2 \times q_{st})$$

(I.21)

As caraterísticas de um jato combinado, Q_T e Q_w , são calculadas de acordo com a equação (I.20-I.21) e apresentadas nas linhas 2 e 3 da Tabela I.2a,b,c. Nas tabelas, a velocidade inicial do ar perto de cada fogão é $w_{st} \approx 34{,}52$ m/s, mas a velocidade do ar sob a campânula é w_b valores de acordo com as fórmulas (I.17a-c) e o sobreaquecimento inicial. O número de fontes térmicas no interior do jato unido é indicado na linha 1st , há um número de campainhas aquecidas $q_b = 1 \div 13q_b$, o mesmo número de fogões é indicado através de $q_{st} = 1 \div 13$, esta combinação compacta é mostrada na Figura I.5. Também são possíveis diferentes combinações de aquecedores em jato. A temperatura ambiente perto do solo é considerada $T(0) = 30°$ C = 303 K em qualquer lugar para ser adicionada ao sobreaquecimento do sino na equação (I.20). A temperatura à saída dos fogões é sempre $T_{st} = 1260°$ C de acordo com a descrição do dispositivo [48]. A temperatura de sobreaquecimento das campânulas metálicas é $T_b = 30°$ C no início e variou nas Tabelas 3b,c para $T_b = 50°$ C ou $T_b = 70°$ C.

O algoritmo de otimização garante que a velocidade do fluxo ascendente do jato combinado excede a do efeito do elemento, $w_0 > w_b$. Os resultados do raio efetivo do jato podem ser avaliados com base na equação (I.21) e na seguinte:

$$w_0 \approx \sqrt{Q_w / (0.5\pi\rho)} / R_{jet0}$$
$$\approx (w_b^2 R_b^2 \times q_b + w_{st}^2 R_{st}^2 \times q_{st})^{1/2} / R_{jet0}$$

(I.22a)

Cálculos de acordo com a fórmula 1D (I.22a) os valores w_0 dependem de w_b (T_{jet0}). As estufas aquecidas, q_{st} , acrescentam uma pequena contribuição para o jato combinado devido ao menor diâmetro do tubo de saída com um pequeno volume de ar sobreaquecido de saída adequado. As velocidades iniciais pela fórmula (I.22a) são:

$w_0 \approx 1{,}84$ m/s a $T_{jet0} = 30°$ C; $w_0 \approx 4{,}04$ m/s a $T_{jet0} = 50°$ C;

$w_0 \approx 8{,}97$ m/s ar $T_{jet0} = 70°$ C.

(1.22b)

A fórmula empírica seguinte indica a altitude limite do jato de ar aquecido, z_{lim} , em função da sua potência inicial, Q_T que deve ser introduzida em Mega Watts, na forma [64]:

$$z_{\lim} \approx 530 \times \sqrt[4]{Q_T / u_{win}}$$

(I.23)

É utilizada apenas a energia térmica Q_T em MW, a explicação para a equação (I.23) com a abordagem de aquecimento é que o jato "esquece" a informação sobre a velocidade inicial até à altitude média de um jato [32]. Os cálculos de acordo com a fórmula (I.23) para a velocidade do vento $u_{win} = 1$ m/s e $u_{win} = 10$ m/s são apresentados em flash nas últimas linhas dos Quadros I.2a, b, c. Em comparação com z_T (I.10), a equação (I.23) indica topos de jato mais pequenos; estes são preferíveis por serem mais realistas.

A Figura I.5 apresenta esquemas de possíveis localizações conjuntas no solo das fontes térmicas, campainhas e fogões. A secção transversal da área unida em jato perto do solo depende principalmente dos raios dos sinos, porque $R_b >> R_{st}$. O raio da área do jato unido junto ao solo, R_{jet0} , incluindo o número de fontes térmicas, foi medido aproximadamente nos esquemas da Figura I.5 e optimizado até ao raio efetivo como se segue:

$$R_{jet0} \approx \sqrt{\pi R_b^2 q_b / \pi} \approx R_b \sqrt{q_b}$$

(I.24a)

Os valores R_{jet0} foram utilizados em cálculos posteriores e apresentados nos quadros I.3, as superfícies quadradas efectivas adequadas do jato combinado perto do solo são também apresentadas no quadro I.3 como $S_{jet0} \approx \pi R_{jet0}^2$ em m^2 .

Considerar a temperatura inicial no interior do jato combinado perto do solo como T_{jet0}. A série de sinos aquecidos com a mesma temperatura não aumenta a temperatura do jato unificado mas aumenta a área do jato até R_{jet0} . A influência da temperatura sobreaquecida de um fogão resulta da injeção de um volume de ar sobreaquecido, $1260°$ C, devido ao pequeno diâmetro do tubo de saída, $R_{st} \approx 0{,}02325$ m. A velocidade inicial do fluxo ascendente sobre o fogão é de cerca de $w_{st} = 34{,}5$ m/s, o que significa que cada fogão introduz um volume parcial de ar sobreaquecido no jato por segundo, $R\,w\pi_{st}^2{}_{st} \approx 0{,}0586$ m^3 /s. O volume do fluxo ascendente sob uma campânula metálica aquecida é de cerca de $R\,w\pi_b^2{}_b$. A temperatura inicial de sobreaquecimento perto do solo no jato combinado, T_{jet0} , é aproximada de acordo com o ar parcial sobreaquecido introduzido de acordo com a seguinte relação:

$$T_{jet0} \approx T_b + T_{st}\left[R_{st}^2 w_{st} q_{st} /\left(R_{jet0}^2 w_b\right)\right] \approx T_b + T_{st}\left[R_{st}^2 w_{st} q_{st} /\left(R_b^2 q_b w_b\right)\right]$$

(I.24b)

Por exemplo, então $q_{st} = q_b = 13$ as temperaturas iniciais do jato misto são

$T_{jet0} \approx 34{,}6°$ C a $T_b = 30°$ C; $T_{jet0} \approx 52{,}0°$ C a $T_b = 50°$ C;

$T_{jet0} \approx 71°$ C a $T_b = 70$ C$°$

(I.24c)

A relação acima mencionada (I.24b) e os cálculos (I.24c) indicam uma temperatura aproximada próxima do solo.

Tabela I.2a. Caraterísticas do jato combinado no sobreaquecimento da campânula T_b = 30° C. Os números da campânula e dos fogões aquecidos são $q_{st} = 1$ com $q_b = 0$ na coluna 1st ; $q_{st} = 0$ com $q_b = 1$ na coluna 2nd , noutros os $q_b = q_{st} = 1, 3, 4, 7, 13$, estes são indicados nos títulos das colunas.

calor	1st	1b	1°+1b	2st+2	3st+3	4st+4	7st+7	13st+13

q_b, q_{st}				b	b	b	b	b
Q_T, MW	0.05	2.70	2.75	5.50	8.25	11.00	19.25	35.74
Q_w	1.01	14.4	15.4	30.8	46.2	61.58	107.8	200
$Z_{lim,}$ max, / $Z_{lim,}$ min, m	244 ÷137	674 ÷382	682 ÷384	812 ÷456	989 ÷505	965 ÷543	1110 ÷624	1296 ÷729

Tabela I.2b. Caraterísticas do jato no interior do jato combinado em caso de sobreaquecimento da campânula $T_b = 50°$ C. Os números de campânulas e fogões aquecidos são $q_b = q_{st} = 1, 3, 4, 7, 13$, indicados nos títulos das colunas.

Aquecedores	1° +1b	2st+2b	3st+3b	4st+4b	7st+7b	13st+13b
Q_T, MW	6.5	13.01	19.51	26.01	45.52	84.54
Q_w	74	148.2	222.2	296	518	962
$Z_{lim,}$ max, / $Z_{lim,}$ min, m	876 ÷476	1007 ÷566	1142 ÷626	1195 ÷673	1377 ÷774	1607 ÷904

Tabela I.2c. Caraterísticas do jato no interior do jato combinado em caso de sobreaquecimento da campânula $T_b = 70°$ C.

Aquecedores	1° +1b	2st+2b	3st+3b	4st+4b	7st+7b	13st+13b l
Q_T, MW	15.04	30.08	45.11	60.15	105.3	195.5
Q_w	353	707	1060	1413	2474	4594
$Z_{lim,}$ max, /	1044	1241	1374	1476	1698	1982

$Z_{lim,}$ min, m	÷587	÷698	÷772	÷830	÷935	1114

Quadro I.3. Raio efetivo do jato térmico combinado de acordo com as opções da figura I.5.

q_b	1	2	3	4	7	13
R_{jet0} (q_b), m	1.7	2.4	2.9	3.4	4.5	6.1
S_{jet0} (q_b), m^2	9.1	18.2	27.2	36.3	63.6	118

Utilizando a relação empírica comum z~ const. $z×^{-1/3}$ [32], as fórmulas seguintes são utilizadas para avaliar a velocidade do ar a diferentes altitudes, z, no interior do jato:

$$w(z) \approx w_0 \times z^{-1/3}$$

(1.25a)

A velocidade do ar w_0 *(z)* em m/s é utilizada de acordo com as fórmulas (I.22a-b) para a equação (1.25a).

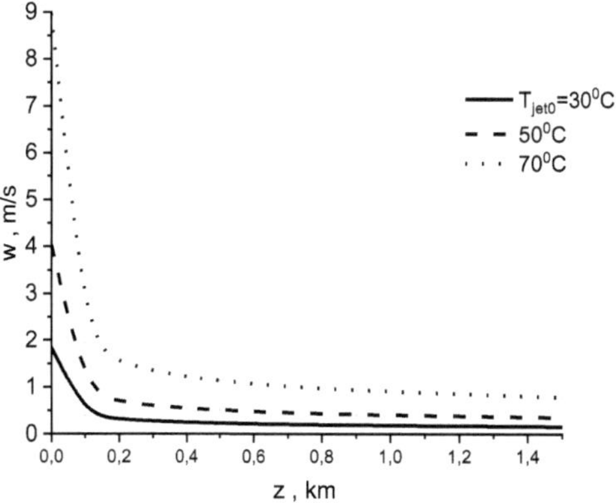

Figura I.6. A velocidade axial vertical do ar na atmosfera em função do sobreaquecimento inicial no interior do jato térmico, $T_b = 30°\ C$, $50°\ C$ ou $70°\ C$, existem títulos de curvas.

A análise formal do tempo, t_{max}, para atingir o topo do jato de $z = z_{max}$ pode ser determinada pelo integral da equação anterior, $\int w(z) = \int \dfrac{dz}{dt}$, e

$$\int\limits_0^{t\,max} dt \approx \int\limits_0^{z\,max} \left(w_0 z^{-1/3} \right)^{-1} dz \quad\text{; o tempo resultante é o seguinte:}$$

$$t_{z\max} \approx 0.75 z_{\max}^{4/3} / w_0$$

$$(I.25b)$$

Os resultados dos cálculos efectuados com a fórmula (1.25a) indicam uma dinâmica, $w(z)$, de diminuição rápida da velocidade do ar em altitude, que é apresentada na Figura I.6. Os cálculos indicam que a velocidade do ar depende do sobreaquecimento inicial do ar. Ao mesmo tempo, as variações de velocidade são muito pequenas, 4%, para os casos de fontes térmicas que aumentam $q_b = q_{st} = 1 \div 7$. Consequentemente, as velocidades dos jactos de ar só são suficientemente elevadas à altitude atmosférica z = 0 - 200 m.

Naturalmente, as estimativas apresentadas são muito aproximadas, especialmente para altitudes superiores a 1 km. Com base nas caraterísticas das Tabelas I.2a-c, é possível otimizar o número de fontes aquecidas para obter a grande energia e a altura máxima desejável da subida do ar do jato combinado. Os exemplos ideais são a combinação de 4 ou 7 fogões com quantidades semelhantes de sinos; estes podem ser aquecidos a uma temperatura de 30 - 50 °C pelo Sol, a opção mencionada parece fornecer uma energia elevada para o jato combinado e esquemas convenientes para utilização prática no terreno.

I.5. As fórmulas 3D de Wulfson-Levin-Ingel-Makosko

As fórmulas anteriores para a temperatura e velocidade em jactos aquecidos são descritas de acordo com [33] com a forma mais simples 1D, mas soluções mais exactas são apresentadas na teoria por Wulfson& Levin [32]. As equações iniciais para a descrição do modelo [32] num sistema de coordenadas cilíndricas são:

$$v\frac{\partial w}{\partial r}+w\frac{\partial w}{\partial z}=\frac{g}{T_{jet0}}T+\frac{1}{r}\frac{\partial}{\partial r}\left(k_1 r\frac{\partial w}{\partial r}\right)$$

(I.26a)

$$v\frac{\partial T}{\partial r}+w\frac{\partial T}{\partial z}=(\gamma-\gamma_a)w+\frac{1}{r}\frac{\partial}{\partial z}\left(k_2 r\frac{\partial T}{\partial r}\right)$$

(I.26b)

$$\frac{\partial}{\partial r}(vr)+\frac{\partial}{\partial z}(wr)=0$$

(I.26c)

Este caso centralmente simétrico em coordenadas cilíndricas sem relação angular azimutal pode ser utilizado para descrever o escoamento laminar ascendente sem níveis elevados de aquecimento. A coordenada radial nas fórmulas (I.26a-c) no interior do jato é r; v e w são componentes radiais e verticais da velocidade; $T=T(z)$ é a temperatura de sobreaquecimento no interior do jato; $T(0)$ é a temperatura do ar perto do solo. São introduzidos coeficientes empíricos para o atrito turbulento e para a troca de calor k_1 e k_2 . O $R(z)$ é o raio do cone do jato térmico durante o alargamento em altura. As condições de fronteira para o modelo são:

$$v=\frac{\partial w}{\partial r}=\frac{\partial T}{\partial r}=0 \quad ,r=0$$

(I.26d)

$$w=T=0 \quad ;vr<\infty \quad \text{no limite lateral } r=R(z)$$

(I.26e)

$$k_1 r = \frac{\partial w}{\partial r} = k_2 r \frac{\partial T}{\partial r} = 0 \quad , r = R$$

(I.26f)

As novas variáveis, $u(w,R), \xi\ (R\ ,z)$ são incorporadas para obter uma consideração analítica, têm uma forma:

$$u = \left(w^* R\right)^3, \ \ \xi = \int_0^z R(z)dz$$

(I.27)

A análise das equações do modelo permite alterar um sistema inicial para uma equação seguinte, (I.28a), com o coeficiente A_1 e com novas variáveis (I.27), como se segue:

$$\frac{d^2 u}{d\xi^2} = A_1 \left(\gamma - \gamma_a\right) u^{1/3}$$

$$(I.28a)\ A_1 = 1.5 \frac{a_2^* a_4^*}{a_1^* a_3^*} \frac{g}{T} = 8g/(3T)$$

(I.28b)

A dependência radial dos valores das velocidades radiais e das temperaturas em cada secção transversal a z - altitude com raio adimensional, $\eta = r/R_{max}\ (z)$, de acordo com dados experimentais [32], tem uma forma:

$$w(r,z) = w^*(z) f_1(\eta)$$

(I.29a)

$$T(r,z) = T^*(z) f_2(\eta)$$

(I.29b)

$$f_1(\eta) \approx f_2(\eta) = \sqrt{1-\eta^2}, \quad \eta = r/R(z)$$

(I.29c)

Aqui estão os valores axiais da velocidade do ar, w^* (z), e a temperatura axial de sobreaquecimento, T^* (z). Os perfis adimensionais da velocidade e da temperatura em qualquer secção transversal do jato são propostos como uma diminuição quadrática do raio do eixo para a periferia, de acordo com experiências e modelos da literatura. Os coeficientes resultantes para (I.28b) são:

$$a_1^* = \int_0^1 f_1^2(\eta)\eta d\eta = \frac{1}{4}, a_2^* = \int_0^1 f_2(\eta)\eta d\eta = \frac{1}{3} \ ,$$

$$a_3^* = \int_0^1 f_1(\eta)f_2(\eta)\eta d\eta = \frac{1}{4}, a_4^* = \int_0^1 f_1(\eta)\eta d\eta = \frac{1}{3}$$

(I.29d)

A solução de (I.28a) segundo as variáveis u, u' na condição inicial ($=\xi\xi_0$) permite obter equações para a velocidade e temperatura iniciais numa forma:

$$u_0 = \left(\frac{Q_w}{2\pi\rho a_1^*}\right)^{3/2}$$

(I.30a)

$$\frac{du}{d\xi} = u_0' = \frac{A_1 Q_T}{2\pi\rho C_p a_4^*} \approx 1.5 \frac{A_1 Q_T}{\pi\rho C_p}$$

(I.30b)

Uma vantagem do resultado dado pelas fórmulas (I.28 - I.30) é o facto de serem válidas para qualquer estratificação atmosférica e qualquer $R(z)$. No entanto, as formas das funções $u(\xi)$, $u(' \xi)$ e as equações para as suas soluções são diferentes numa estratificação atmosférica neutra, estável ou instável. Note-se que, após a determinação de certas formas para u, u_ξ', as fórmulas resultantes para a velocidade axial e a temperatura podem ser calculadas do seguinte modo

$$w^*(z) = \frac{u^{1/3}}{R_{jet}(z)}$$

(I.31a)

$$T^*(z) = \frac{a_4^*}{a_3^* A_1 u^{1/3} R(z)} \frac{du}{d\xi}$$

(I.31b)

Outras considerações analíticas dependem da estabilidade atmosférica.

Considerar os principais tipos de estratificação atmosférica: estável em $\gamma < \gamma_a$, instável em $\gamma > \gamma_a$ e indiferente $\gamma \approx \gamma_a$, e comparar os diferentes regimes atmosféricos para obter o aumento da precipitação. Numa atmosfera estratificada estável, os efeitos sobre as nuvens são difíceis e muitas vezes ineficazes, mas numa atmosfera instável são os mais eficazes. Com um equilíbrio estável da atmosfera, as massas de ar não apresentam tendência para movimentos verticais. Estável é uma massa de ar na qual prevalece um equilíbrio vertical estável do ar, ou seja, o gradiente vertical de temperatura é inferior ao gradiente húmido-adiabático. Por conseguinte, a convecção térmica natural não se desenvolve nestas condições e a convecção dinâmica é pouco desenvolvida na natureza. Por exemplo, uma estratificação típica na atmosfera $\gamma = 6{,}5°$ C/km é uma estratificação estável. Isto significa dificuldades para o aumento da precipitação com partículas higroscópicas (ou formadoras de gelo) devido à falta de eficácia da sua mistura em movimento com o ar atmosférico. Nesta atmosfera, são necessários jactos térmicos artificiais adicionais, efeitos acústicos e outros métodos de vibração do ar para a criação de nuvens, a fim de tentar obter precipitação. Em caso de equilíbrio indiferente (estratificação em $\gamma \approx \gamma_a$), a convecção persiste em todas as junções atmosféricas, o que é favorável à aplicação de métodos de aumento da precipitação. Em caso de equilíbrio instável da atmosfera, o volume de ar levantado do solo não regressa à sua posição original, mas mantém o movimento ascendente até ao nível em que as temperaturas do ar ascendente e do ar circundante estão alinhadas. O estado instável (estratificação) da atmosfera é caracterizado por grandes gradientes verticais de temperatura e pela convecção mais forte. A região de instabilidade começa fora da estratificação neutra, que é de cerca de $\gamma_a \approx 0{,}001°$ /m, mas quaisquer partículas podem operar de forma muito eficaz devido à sua fácil propagação a partir do solo até 5-6 km de altitude, os detalhes do aumento da velocidade do ar em altitude w(z) são indicados num trabalho [15].

Para determinar o estado da atmosfera, estável, instável ou indiferente, utilizam-se diagramas aero-lógicos [9]. Trata-se de diagramas com eixos de coordenadas rectangulares, ao longo dos quais são definidas as caraterísticas do estado do ar. As famílias de adiabáticos secos e húmidos são traçadas nos diagramas aero-lógicos, as curvas representam graficamente a mudança no estado do ar durante os processos adiabáticos secos e húmidos. A distribuição da temperatura do ar obtida a partir de medições reais no momento deve ser traçada no diagrama da curva de estratificação para comparação com as anteriores. Se a curva no diagrama estiver mais inclinada para o eixo da temperatura do que a adiabática seca, então a estratificação é secamente instável, caso contrário a estratificação é resistente à seca, e se a curva coincidir com a adiabática, é indiferente. Um dispositivo moderno para a medição exacta da temperatura na direção vertical na atmosfera é um radiómetro [55]. Na prática, basta medir com precisão a temperatura a diferentes altitudes, quando um gradiente superior $a\gamma_a > 0,01°$ / m é obtido por medições para reconhecer a instabilidade atmosférica. A instabilidade da atmosfera pode não só ser medida da forma simples acima indicada, mas também determinada com base em dados meteorológicos obtidos do exterior, por exemplo, da Internet ou de serviços meteorológicos. Atualmente, a instabilidade da atmosfera é caracterizada com base numa série de índices: CAPE e CIN, Lifted Index (LIFT), K-Index (KIND) и Total Totals Index (TOTL), e outros [49-56]. Por exemplo, o último artigo mencionado apresenta diagnósticos da convecção profunda que é descrita com a ajuda de índices de convecção calculados utilizando os dados experimentais da sonda de ocultação de rádio COSMIC. Para estimar o estado da atmosfera, os autores utilizaram 4 índices: LI (Lifted Index); K; Totais totais; DCI (Deep Convective Index) e traçaram perfis verticais da estabilidade estática da atmosfera G e do índice de Falkovich χ. São descritos os dados experimentais da experiência COSMIC e o método de obtenção do perfil vertical da temperatura a partir do perfil vertical do índice de refração.

Na atmosfera indiferente ou neutra, uma estratificação atmosférica é caracterizada por $\gamma \approx \gamma_a$, e a solução é a mais simples, pelo que a fórmula (I.28a) se transforma na seguinte:

$$u = u_0 + u'\left(\xi - \xi_0\right)$$

(I.32)

Tendo em conta (I.30-I.32), existem soluções analíticas para a velocidade axial, $w^*(z)$, e para a temperatura axial, $T^*(z)$, à altitude z:

$$w^*(z) = \left[u_0 + 0.5\theta u_0'\left(z^2 - z_0^2\right)\right]^{1/3} / R_{jet}(z)$$

(I.33a)

$$T^*(z) = \frac{a_4 u_0'}{a_3 A_1 z \alpha}\left[u_0 + 0.5\theta u_0'\left(z^2 - z_0^2\right)\right]^{-1/3}$$

(I.33b)

As formas das soluções (I.33a,b) provam que a contribuição da velocidade transformada u_0 $(Q_w$) diminui muito com a altura em comparação com o termo térmico, $u_0'(Q_T)$. A aproximação em altura $z > 100$ m simplifica as fórmulas anteriores até às seguintes:

$$w^*(z) \approx A_2 z^{-1/3}$$

(I.34a)

$$A_2 = \left(\frac{u_0'}{2\theta^2}\right)^{1/3} = \left(\frac{4Q_T g}{3\theta^2 \pi \rho_a C_p T_{jet0}}\right)^{1/3}$$

(I.34b)

A fórmula resultante (I.34a) comprova a fórmula empírica mencionada anteriormente (I.25) para a dinâmica do jato térmico na atmosfera. Os coeficientes, A_1 , são calculados com (I.34b) e indicam valores dentro de 0,1% de coincidência com w_0 a uma altitude $z > 100$ m. A nossa conclusão e sugestão para as equações analíticas resultantes da velocidade do ar é que a equação (I.25) é válida para a primeira metade da altitude dos jactos, $z < 0,5$ km. Ao mesmo tempo, a fórmula (I.34a,b) é mais apropriada para altitudes mais elevadas dos jactos, devido à regra comum do sobreaquecimento do fluxo de ar ascendente a $z>0,5$ km.

A fórmula da temperatura de acordo com a abordagem teórica apresentada [32] é a seguinte:

$$T^*(z) = \frac{2a_4^*}{a_3^* A_1} A_2^2 z^{-5/3}$$

(I.35a)

Tendo em conta os coeficientes do modelo A_1, a fórmula do resultado A_2 tem uma forma:

$$T^*(z) \approx z^{-5/3} \frac{4}{3} \left(\frac{3T_{jet0}}{g} \right)^{1/3} \left(\frac{3Q_T}{4\theta^2 \pi \rho_a C_p} \right)^{2/3}$$

(I.35b)

A dinâmica da temperatura resultante em (I.35c-d) indica a relação de altitude por $z^{-5/3}$. Existem diferenças com a relação exponencial anterior de Andreev-Panchev [33] no modelo 1D. Ambas as abordagens são calculadas e apresentadas na Figura I.3, o que indica uma diminuição rápida do sobreaquecimento no interior do jato na atmosfera. Os últimos resultados dos cálculos de temperatura são os mais realistas mas mais pessimistas.

Em vários casos reais, existem 2 camadas diferentes com parâmetros atmosféricos que se alteram a uma certa altura, pelo que é necessário determinar os parâmetros dos jactos aquecidos capazes de penetrar acima do seu limite de paragem. Para isso, o modelo atmosférico de duas camadas [43] é conveniente, e ambas as partes são caracterizadas por uma fórmula na forma:

$$\gamma(z) \approx c_2 \times z^{-p} + \gamma_a$$

(I.36)

Propõe-se uma estratificação instável no interior da camada inferior com convecções fortes a baixa altitude, e existe um parâmetro típico $p = p_{us} = 4/3$, e uma constante sobre $c_2 = c_{us} = 0{,}55°$ C m$\times^{1/3}$. A constante de valor para c_{us} foi determinada como a mais provável ao comparar dados experimentais com cálculos. A camada superior corresponde a uma atmosfera estável e pode ser descrita através da mesma equação (I.36), mas com outros parâmetros $p = p_s = 0$ e $c_2 = c_{us} < 0$, porque $/\gamma\gamma_a < 1$ na camada estável. Este método fornece considerações e fórmulas para diferentes opções interessantes na atmosfera dependendo das estratificações, exemplos são considerados em [32].

Recentemente, foi desenvolvido um modelo simplificado e conveniente para analisar a velocidade de um jato ascendente numa atmosfera instável [65-71]. No caso de estratificação instável da atmosfera nas centenas de metros inferiores, a velocidade do jato é determinada pela intensidade da libertação de calor da fonte na Terra. Mas após os primeiros 100 metros, a velocidade do jato aumenta rapidamente com a altura, de acordo com a ilustração da Figura 1 do trabalho [15]. A aceleração do fluxo ascendente é determinada pela estratificação instável da atmosfera, que se torna gradualmente a principal fonte de elevação do jato. Após a suposição padrão $R(z) \approx 0.2z$, obtém-se uma solução na forma seguinte, e a velocidade do ar pode ser calculada de acordo com a fórmula:

$$w \approx \frac{1}{3}\sqrt{-\alpha_I g \Gamma z} \approx |N_{BV}| \times z/3$$

(I.37)

O é $\Gamma(z) = \gamma_a - \gamma(z)$ a diferença entre a taxa de lapso e o seco-adiabático, na estratificação de fundo instável $\Gamma < 0$. Há um coeficiente de expansão térmica $\alpha \approx 3.67 \times 10^{-3}$ por grau de temperatura; g é a aceleração da gravidade. A fórmula apresentada não depende da intensidade da fonte a uma altura superior a cem metros. Esta é a frequência de Brunt-Väisälä, ou frequência de flutuação em s $,^{-1}$ $|N_{BV}| = \sqrt{-\alpha g \Gamma}$. O seu valor típico para exemplos $N_{BV} \approx 0,002$ s^{-1} a$\Gamma = 10^{-4}$ K/m. O jato, embora lento no modelo mais simples (I.37), acelera a velocidade do ar para cima a partir de w$\approx$ 1 m/s a uma altitude z = 1,5 km até w$\approx$ 3 m/s a z = 5 km [15]. É possível uma subida mais rápida do ar em condições de turbulência severa perto do solo, o que pode ser reforçado por influência acústica e será analisado mais tarde. Há grandes vantagens em casos de atmosfera não-estacionária para o aumento da precipitação, uma vez que este regime pode assegurar o fornecimento de sopro aquecido juntamente com partículas de AgI do fogão no solo, ou outro pó análogo, até à altura da formação das nuvens. Quanto maior for o excesso entre a taxa de lapsos atmosféricos medidaγ e a taxa de lapsos adiabáticos$\gamma_a \approx 0,01$, melhor e maior será a taxa de subida do ar $w(z)$ e a altitude máxima.

Os autores de um trabalho [67] propõem as seguintes fórmulas empíricas para a velocidade e a temperatura numa atmosfera instável:

$$W(R) \sim [1-(R/R_{max})]^{1/2}$$

(I.38)

Fórmulas 2D apropriadas da velocidade e temperatura do ar ascendente são também propostas em [52] durante as medições dos jactos térmicos naturais. Os modelos [32, 66-70] são desenvolvidos para qualquer estratificação atmosférica, e para uma área de atmosfera estável com $\gamma_a > \gamma$, que é o caso mais difícil de afetar o aumento da precipitação. O artigo [68] apresenta análises e fórmulas para a temperatura e a velocidade vertical do ar no interior do jato, tendo em conta a turbulência lateral, mas para uma atmosfera estável,γ_a -$\gamma > 0$, como se segue:

$$w_1(z) \approx \frac{k_1 M_1}{\pi [R(z)]^2 (\gamma_a - \gamma)} \approx \frac{k_1 M_1}{\pi \theta^2 (\gamma_a - \gamma)} z^{-2}$$

(I.39)

Neste caso, $k_1 \approx 5 \times 10$ K m^3 $\times^3$ /(s$\times$ kg) é uma constante proporcional para uma mistura de poeiras finas; o $M_1 \approx 10^{-4}$ kg/m é o exemplo da massa possível de poeiras finas no

interior do jato, o raio do jato é *R(z)* e o parâmetro de estratificaçãoγ = 0,0065 - 0,0095°
/m. Os cálculos resultantes em (I.39) são apresentados na Figura I.7.

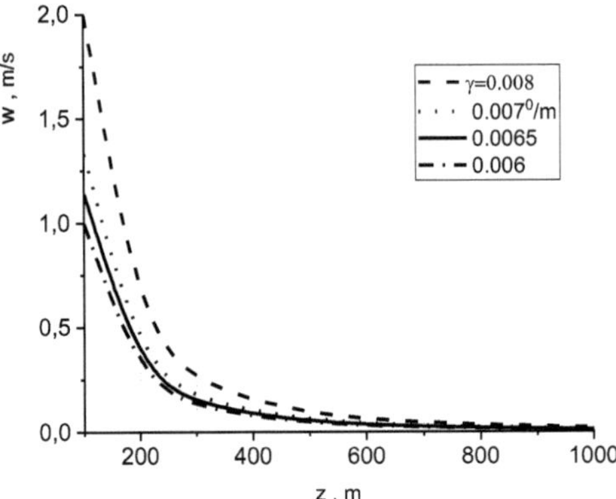

Figura I.7. Velocidade vertical do ar no interior do jato, *w* em unidades arbitrárias, em
função da altitude, z, de acordo com a equação (I.39). As curvas correspondem aγ =
0.008, 0.007, 0.0065 ou 0.006° /m, respetivamente.

Os cálculos da velocidade na Figura I.7 indicam uma rápida melhoria da velocidade
em altitude, especialmente com o aumento deγ = 0,0065 até 0,008 e mais adiante atéγ_a
. A turbulência é análoga à instabilidade da atmosfera emγ >γ_a proporciona uma
maior velocidade do ar em altitude.

As modernas abordagens e teorias tridimensionais em trabalhos recentes [69-71]
indicam fórmulas para a circulação da velocidade do ar e da helicidade no interior de
um escoamento ascendente sobre uma superfície horizontal termicamente não
homogénea, ou gravitacionalmente não homogénea [70]. A circulação do fluxo de ar
pode ser estimulada sobre uma superfície horizontal termicamente não homogénea, à
escala global ou local, o que permite relacionar a velocidade vertical e a helicidade da
massa de ar. O sistema linearizado de equações da dinâmica e da transferência de calor
num sistema de coordenadas rotativas na direção z tem a forma

$$-\frac{\partial P}{\partial x}+v\Delta u+f_C v=0\,,\quad v\Delta v-f_c u=0$$

$$-\frac{\partial P}{\partial z}+v\Delta w+\alpha_T gT=0$$

$$\frac{\partial u}{\partial x}+\frac{\partial w}{\partial z}=0\,,\quad \gamma w=\kappa\Delta T$$

$$(\text{I.40a})$$

w é a componente vertical da velocidade do ar na direção z, u e v são algumas componentes da velocidade do ar em duas direcções horizontais perpendiculares x,y; $P = p/\rho_0$ é um desvio de pressão; g é a aceleração da gravidade; $,\kappa\tau\sim\ 1\div 10$ m/s são coeficientes empíricos de uma mistura turbulenta; f_C é um parâmetro de Coriolis (velocidade angular dupla da rotação). Assume-se a existência de uma estratificação estacionária da temperatura na atmosfera,$\gamma <\gamma_a$. Na camada limite inferior da atmosfera $z = 0$, as duas condições de fronteira correspondem a uma não homogeneidade térmica estacionária horizontalmente periódica na coordenada x e a uma não fuga:

$$C_P\rho_0\kappa\frac{\partial T}{\partial z}=-Q_a\cos(kx)\ ,$$

$$w=u=v=0$$

$$(\text{I.40b})$$

Existem $k_x = 2\pi/L_x$; a componente de direção perpendicular pode ser $k_y = 2\pi/L_y$; $k_z =(k_x^2+k_y^2)^{0.5}$ com escala de periodicidade de calor L_x em metros no solo, ou L_y se existir. As formas da solução (I.40) para 3 componentes da velocidade do ar, variações de pressão e temperatura são as seguintes:

$$u(x,z)=U(z)\sin kx\,,\,,v(x,z)=V(z)\sin kx\ w(x,z)=W(z)\cos kx$$

$$(\text{I.41})$$

$$P(x,z)=\Phi(z)\cos kx\,,\quad T(x,z)=\theta_T(z)\cos kx$$

O sistema inicial (I.40a-b) com (I.41) transforma-se nas equações seguintes para as amplitudes U, V, W, $\Phi\theta_T$ [69] utilizando os parâmetros adicionais mencionados Ta, Ra, N_{bv} onde h_E é a altura da escala de Ekman:

$$Ra = \frac{N_{bv}^2}{\kappa v k^4},,,Ta = \frac{f_C^2}{v^2 k^4}\ N_{BV} = \left(\alpha_T g \gamma\right)^{1/2} h_E = \left(2v / f_C\right)^{1/2}$$

(I.42)

Introduz-se aqui a frequência de flutuação de Brunt-Vaisala N_{BV}, e f_C é a frequência de Coriolis. Os parâmetros adimensionais Ta e Ra são introduzidos pelas fórmulas (I.42) como análogos dos números de Rayleigh e Taylor. A energia e a frequência de Bunt-Vaisala da atmosfera natural correspondem a uma atmosfera estratificada estável típica. Os deslocamentos verticais do ar baseados na velocidade horizontal dependem da escala de altura de Ekman h_E e os outros factores apresentados não dependem da viscosidade. A consideração analítica num trabalho [69] fornece a equação caraterística seguinte:

$$\left(\sigma^2 - 1\right)^3 = -Ta \times \sigma^2 + Ra$$

(I.43)

A solução das equações iniciais (II.40a-b) na forma (II.41) é possível com incorporações nos termos $exp(k\sigma_j z)$ mas σ_j são raízes da equação (I.43):

$$\sigma_1 \approx -b\ ,\sigma_{2,3} \approx -\left(1 + i\right)a$$

(!.44a)

Assim, todos os componentes da velocidade do ar estão relacionados com as raízes da equação caraterística. Os próximos parâmetros são introduzidos para simplificar a solução completa com os limites a seguir: $Ra^{2/3} < Ta$ mas $Ra^2 << Ta^2$.

$$a = \left(\frac{Ta}{4}\right)^{1/4},,,\ b = \sqrt{\frac{Ra}{Ta}} = \sqrt{\frac{v}{\kappa}}\frac{N_{bv}}{f_C}\ \upsilon = \frac{k Q_T}{C_P \rho_0 \gamma}$$

$$\delta = \frac{b}{a} = \sqrt[4]{\frac{4Ra^2}{Ta^3}} \; , B = 1 - \delta + \frac{\delta^2}{2}$$

(I.44b)

As soluções simplificadas para as componentes da velocidade têm as seguintes fórmulas analíticas:

$$u = \frac{b^2 \upsilon}{B} \sin(kx) \left\{ \exp(-bkz) - \exp(-akz) \left[\cos(akz) + \frac{2-\delta}{\delta} \sin(akz) \right] \right\}$$

(I.45a)

$$v = \frac{-f_c \upsilon}{vk^2} \sin(kx)$$

$$\times \left\{ \exp(-kz) - \frac{1}{B} \exp(-bkz) + \frac{\delta}{2B} \exp(-akz)[(2-\delta)\cos(akz) - \delta \sin(akz)] \right\}$$

(1.45b)

$$w = \frac{b\upsilon}{B} \cos(kx) \left\{ \exp(-bkz) - \exp(-akz)[\cos(akz) + (1-\delta)\sin(akz)] \right\}$$

(I.45c)

Parâmetros típicos da atmosfera natural, $k = 10^{-5}$ m , $=^{-1}\kappa v = 1$ m^2 /s, $Ta\sim 10^{10}$, $Ra\sim 10^{14}$, $\upsilon = 3\times 10^{-5}$ m/s, a = 700, $b=100$, $\delta = 0.45$, $N_{bv} = \approx 10^{-2}$ s^{-1} , $Q_T = 10$ W/m^2 , e $f_C = 10^{-4}$ s^{-1} , foram utilizados para calcular as componentes da velocidade de acordo com (I.45a-c). A componente vertical da velocidade calculada, $w(z)$, está relacionada com as componentes horizontais da velocidade $u(z)$, $v(z)$, e tem o seu valor máximo no ambiente considerado a $z\approx$ 200-500 m, diminuindo a maior altitude. É apresentado o mecanismo de iniciação da helicidade do ar. A abordagem analítica e as fórmulas resultantes permitem analisar as dependências de todas as componentes da velocidade e da helicidade em relação aos parâmetros da perturbação atmosférica inicial considerada. A helicidade na coluna de ar é medida por sodares, e os valores médios ao longo da camada são 0,02 - 0,12 m/s^2 em [71]; e observa-se uma correlação estável destes valores com a velocidade vertical do ar. A abordagem da helicidade é frutuosa para um maior desenvolvimento da criação artificial de fluxos ascendentes na atmosfera, tendo como resultado o aumento da precipitação.

I.6. Modificação do fluxo térmico por adição de pó

Imaginemos a possibilidade de criar um segundo fluxo térmico adicional a uma altura de z_c para elevar a mistura de ar aquecido mais alto na atmosfera e até um ponto de orvalho em vários casos [72]. Introduzir um pó preto fino na corrente ascendente, por exemplo. As partículas mais pequenas de pó preto absorvem eficazmente o poder de irradiação da luz solar para obter um aquecimento adicional em qualquer posição e a qualquer altitude dentro do jato. Este pó preto pode ser, por exemplo, carvão triturado. Pode ser preparado como um pó fino de tamanho nm/μ m que pode ser introduzido na origem do jato do fluxo térmico perto do solo. O modelo mais simples propõe que as partículas de pó serão aquecidas durante a sua elevação a toda a distância dentro do jato térmico até ao nível de grande turbulência na nuvem. O modelo e os cálculos abaixo permitem avaliar as caraterísticas específicas da opção para a altura final da elevação adicional, bem como a quantidade e as dimensões necessárias do pó utilizado. De acordo com o modelo de jato com a sua altitude inicial de convecção z_c dentro da nuvem, o segundo fluxo térmico pode ser formado devido ao aumento adicional de temperatura existente, T_1 , dentro do topo do fluxo em comparação com a variante sem pó. Este pó fornece ao jato de ar uma altura adicional através do segundo jato que pode atingir z_{c1} . A altitude resultante mais elevada, $z_c + z_{c1}$, será alcançada a partir do solo. A altitude inicial de temperatura igual no jato z_c [33] está relacionada com a altura de convecção z_c no topo do fluxo térmico, que é determinada pela fórmula:

$$z_c \approx \alpha_{mid}^{-1} \ln\left[1 + 2\alpha_{mid} T_{jet0} / \left(\gamma_a - \gamma\right)\right]$$

(I.46)

Por exemplo, os cálculos de acordo com as equações (I.10a) e (I.46) indicam um aumento não muito grande da altitude de convecção e as relações $z_T / z_c = 1{,}17$ km/$1{,}39$ km a $T_{jet0} = 40°$ C ou $z_T / z_c = 1{,}35$ km/$1{,}58$ km a $T_{jet0} = 70°$ C.

Introduzamos uma concentração média de partículas de carvão N_1 , m^{-3} , no ar dentro do jato térmico. A massa m_1 , o volume u_1 , e a superfície lateral s_1 para uma partícula em pó são os seguintes:

$$m_1(r_1) = 4\pi r_1^3 \rho_1 / 3, , u_1(r_1) = 4\pi r_1^3 / 3 \; s_1(r_1) = 4\pi r_1^2$$

(I.47)

O material natural de carbono, carvão negro natural ou material de carbono artificial, tem uma densidade de cerca de $\rho_1 = 1300$ kg/m³ e uma capacidade térmica de $C_1 = 1300$ J/(kg K). Assumimos que a velocidade média no interior do fluxo térmico é $V_t = 2$ m/s, pelo que as partículas se movem em conjunto com o fluxo de ar ascendente com a mesma velocidade. Aproximadamente, o tempo necessário para que as partículas com o jato de ar atinjam 1 km de altitude é de cerca de $t_1 \sim z / \overline{V_T}_t \approx 500$ segundos. A energia média absorvida através da irradiação solar da superfície lateral, $s(r_1)$, de uma partícula durante o seu voo até z_c altitude dentro do fluxo térmico mais baixo depende do tempo t_1 e da superfície lateral:

$$Q_1(r_1) \approx P_s s_1(r_1) t_1 \approx 4\pi r_1^2 P_s z_c / \overline{V}_t$$

(I.48)

A energia solar recebida é P_s . A energia total absorvida é de cerca de $N\, Q_{11}$ por unidade de volume. Esta energia armazenada é transformada em moléculas de ar através de colisões. A equação seguinte descreve um aquecimento médio no jato + pó de volume unitário 1 m³ até um valor mencionado de T_1 , que tem uma forma:

$$Q_a \approx C_p \rho_a T_1$$

(I.49)

A capacidade térmica do ar é $Cp_{,ar}$ = 1005 J/kg× K, $\rho_a \approx$ 1,29 kg/m^3 . A temperatura das moléculas de ar torna-se rapidamente igual à temperatura das partículas T_1 através de colisões. O balanço energético para uma unidade de volume de ar em fluxo é expresso pela igualdade das equações (I.48-I.49), a fórmula seguinte permitirá estimar a concentração necessária de partículas.

$$N_1 Q_1(r_1) \approx Q_a,$$

(I.50)

Calculemos a massa necessária, M_1 $(r_1$ $)$, do pó em 1 m^3 de ar em jato ao nível z_c utilizando conjuntamente as equações (I.48- I.50):

$$M_1 \approx N_1 m_1 \approx \frac{C_{p,air} T_1 \rho_a}{3 P_s} \times \frac{\rho_1 r_1 V_t}{z_c}$$

(I.51)

Além disso, a fórmula indica os raios médios da pólvora e a temperatura correspondente do ar aquecido na região do eixo térmico. Qual a massa de pó preto necessária para obter o aquecimento da camada de jato até T_1 à altitude z_c ? As partículas ocupam a área aquecida de forma semelhante. A concentração de pó na área de superfície mencionada a cada altitude dentro do fluxo térmico não é uniforme e a temperatura não é uniforme, abaixo realizámos a análise da caraterística mencionada. O perfil de concentração dentro da área do jato com 1 metro de altura e raio $R(z)$ está de acordo com a temperatura $T(R)$ que diminui de acordo com R^2 dentro de cilindros aquecidos em alguns casos [73]. Aqui vamos usar a fórmula empírica (I.38) para a temperatura diminuir do centro para a periferia dentro do jato ascendente e alargado, e a concentração de partículas, N_{R1} (z,r), é a seguinte:

$$N_{R1}(z,R) \approx N_1 \left[1 - R^2(z)/ R_{jet}^2(z)\right]^{1/2}$$

(I.52)

A concentração máxima de partículas encontra-se no centro do jato térmico, na sua altitude e em z_c . A massa total de partículas em pó na camada de um metro de espessura pode ser calculada tendo em conta as concentrações nas áreas laterais através do integral em área a partir do eixo térmico central, $R = 0$ e até ao seu lado $R = R_{jet}$:

$$N \approx N_1 \int_0^{R_{jet}} 2\pi \left[1 - R^2(z)/R_{jet}^2(z)\right]^{1/2} R\,dR \approx 2\pi R_{jet}^2 N_1 / 3$$

(I.53)

O $R_{jet} = 0,2z_C$ e a concentração aproximada no interior da camada são obtidos do seguinte modo

$$N(z) \approx 0.08 N_1 z^2 \approx \frac{0.04 C_p \rho_a T_1 V_t}{6 r_1^2 P_s} z$$

(I.54)

A massa de pó, $M_{pol} = N(z)\ 4\ r\rho_1\pi_1{}^3\ /3$, num volume de camada com um metro de espessura e uma superfície circular com um raio R_{jet} a uma altura de $z = z_c$ no interior do jato é obtida da seguinte forma

$$M_{pol} \approx \frac{0.08 \pi C_p \rho_a \rho_1 T_1 V_t}{3 r_1^2 P_s} r_1 z$$

(I.55)

De acordo com a abordagem mais simples, em cada camada inferior, em comparação com o nível z_c , a massa de pó deve ser a mesma para cada camada. Se considerarmos as camadas inferiores no interior do jato de ar térmico, a massa total de pó necessária no interior deve ser simplesmente multiplicada pela altitude z_c , de modo a levar a massa mencionada até à altitude final considerada z_c . A massa completa de pó preto para introdução no jato é aproximadamente a seguinte:

$$M_U \approx \frac{0.08 \pi C_p \rho_a \rho_{po} T_1 V_t}{3 r_1^2 P_s} r_1 \times z^2$$

(I.56)

Os cálculos de acordo com as equações (I.56) são fornecidos para obter um aquecimento adicional para $T_1 = 1°$ C a uma altitude z_c através da utilização de partículas de carbono num jato com irradiação solar de verão $P_s = 300$ W/m^2 . A massa de pó mencionada deve ser adicionada durante um tempo superior a $t_1 = z_c / V \approx 500$ s$\approx 8,3$ minutos uniformemente no jato térmico perto do solo. Os cálculos da massa de pó necessária M_U são apresentados na Tabela I.4; estas são avaliações adequadas que podem ser melhoradas utilizando o algoritmo aqui apresentado. Assim, obtemos um aumento de temperatura, T_1 , no topo do primeiro fluxo térmico é z_c , mas a esta altitude o segundo fluxo térmico será formado devido ao aquecimento do ar através do pó interior. O segundo jato é descrito aqui de acordo com as mesmas regras e com a utilização de equações semelhantes; tem altitude desde o seu nível inicial z_c até à altitude adicional z_{c1} .

Quadro I.4. A massa de pó fino de carbono, M_U em kg , para a altitude inicial do topo $z_c = 1000$ m , 1391 m ou 1694 m.

r_1	10 nm	30 nm	50 nm	100 nm	1 mμ
$M_x/_{z=1\text{km}}$, kg	2,4 kg	7.06	11.77	23.5	235
$M_x/_{z=1.35\text{km}}$, kg	4.6	14	23	45	455
$M_x/_{z=1.69\text{km}}$, kg	6.9	20	34	67	674

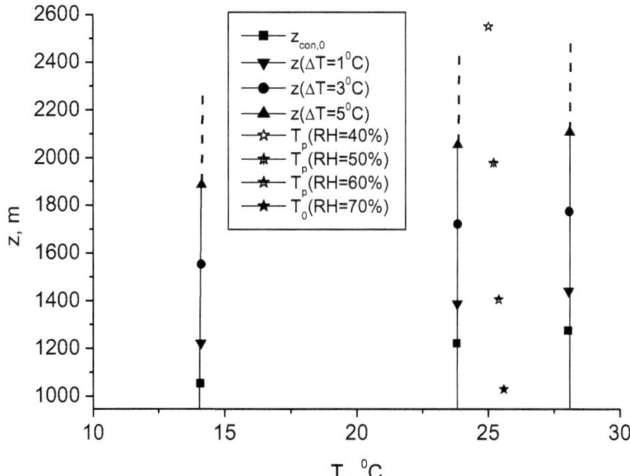

Figura I.8. As linhas verticais indicam a altura de elevação do jato térmico combinado com pó de carvão à temperatura inicial do ar de 14, 24, 28° C, os pontos marcam o aumento da altura quando o pó é aquecido em 1, 3, 5 graus, respetivamente. As linhas a tracejado correspondem ao fluxo adiabático no centro do segundo jato aΔ T = 5° C. As estrelas marcam o nível do ponto de orvalho a uma humidade do ar à superfície de RH = 40-70%.

As altitudes resultantes para o ar do solo devido a ambos os fluxos térmicos serão aumentadas, $z + z_{c\,c1}$. O aumento adicional do segundo jato utilizando a equação (I.46) com segundos jactos para o jato adiabático [33] é o seguinte:

$$z_c + z_{c2} \approx z_c + \Delta T / (\gamma_a - \gamma)$$

(I.57)

Existe um aquecimento adicional por jato com base no efeito considerado,Δ $T = T_1$. A altitude conjunta para a elevação do ar da primeira, z_c, e da segunda, z_{c1} ou z_{c2}^{ad}, elevação térmica é calculada de acordo com a equação (I.57), sendo os resultados apresentados na Figura I.8 para o outono ou início da primavera e na Figura I.9 para a primavera/verão.

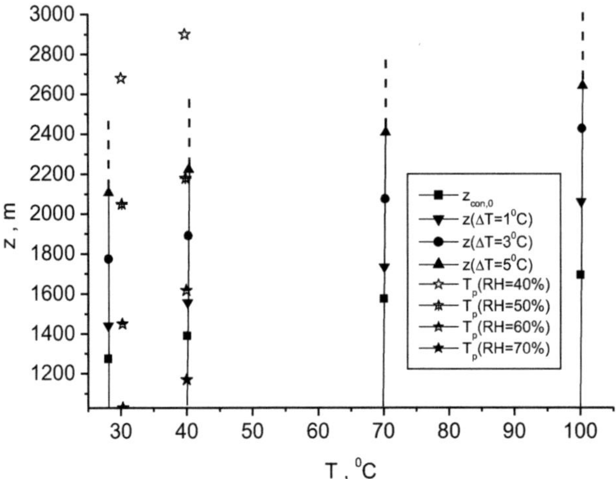

Figura I.9. As linhas verticais indicam a altura de elevação do fluxo térmico modificado a uma temperatura do ar aquecido de 28, 40, 70, 100° C; os pontos marcam o incremento em altura quando o pó fornece aquecimento porΔ T = 1, 3 ou 5° C, respetivamente. As linhas a tracejado correspondem ao fluxo adiabático no centro do segundo jato aΔ T = 5° C. As estrelas marcam a altura do ponto de orvalho a uma humidade do ar à superfície de RH = 40 - 70%.

A figura I.8 corresponde à temperatura de outono perto do solo T_{jet0} = 14, 24 ou 28° C que pode ser produzida pelo aquecimento natural do sol por hora para a campainha metálica mencionada. O ponto de orvalho corresponde à temperatura do solo de $T(0)$ = 25° C. A temperatura moderada do solo, bem como os níveis mais elevados de humidade do ar RH = 50 - 70%, são adequados para as estações do outono ou da primavera. A figura I.8 sugere a aplicação de um método mais fiável durante a primavera/outono para obter altitudes de condensação z_{c2} $(T_p$), sendo certamente observado um tempo típico com humidade do ar até RH = 50%, e a RH = 40% será obtida a condensação. A condensação e a precipitação resultantes podem ser certamente alcançadas aqui devido à aplicação do método, porque as linhas verticais dos fluxos de ar aquecido são excedidas ou iguais às estrelas dos pontos de orvalho. Da mesma forma, na Figura I.9, as estrelas correspondem ao ponto de orvalho a uma temperatura de superfície de $T(0)$ = 30° C ou 40° C, mas a altitude dos pontos de orvalho é superior ao aumento necessário para a elevação dos fluxos de ar aquecido. A figura I.9 indica as altitudes de elevação para jactos de ar artificiais ou naturais, sendo o seu sobreaquecimento próximo do solo de cerca de T_{jet0} = 28, 40, 70° C.

Note-se que apenas a temperatura mais quente do solo pode fornecer a mesma altitude que o ponto de orvalho num dia com T_0 = 40° C e RH = 40%. É mais difícil obter a precipitação num dia seco e quente de verão, mas o método e o algoritmo de estimativa apresentados podem ajudar a consegui-lo. As Figuras I.8 - I.9 mostram as linhas verticais da elevação dos fluxos térmicos modificados e compostos, em que o jato de ar aquecido perto do solo tem 14, 24, 28, 40, 70 ou 100° C. O ponto quadrado inferior em cada linha corresponde à altura do fluxo térmico não modificado z_{con0} = z_c , os pontos subsequentes em cada linha correspondem a um aumento de altitude devido ao segundo aquecimento adicional do ar até 1, 3 ou 5° C pelo pó introduzido. A parte superior de cada linha pontilhada nas figuras I.8-I.9 corresponde a cálculos para o modelo adiabático do jato de ar aquecido aplicado ao segundo fluxo térmico ao nível z_{c2} com o aquecimento até 5° C. O modelo adiabático pode ser aplicado dentro da área do jato axial porque o diâmetro da região de ar aquecido a uma altitude é suficientemente grande $2R_{jet} \approx 600$ m. Assim, justifica-se assumir um fluxo uniforme de ar ascendente na parte axial central do fluxo térmico. Neste caso, a ausência de turbulência nas extremidades da região não influenciaria o fluxo de ar num cilindro central estreito, pelo que a ampla superfície de ocupação de pó a uma altitude típica z_c proporciona o modo adiabático mais eficaz para a subida de ar adicional para o segundo fluxo de ar aquecido. As estrelas mostram os valores do ponto de orvalho, aqui cada linha vertical corresponde ao fluxo térmico. Estas alturas estão marcadas com estrelas para diferentes valores de humidade do ar à superfície, de 40% a 70%.

As figuras mostram claramente que os jactos térmicos modificados de acordo com a adição de pó posterior serão capazes de fornecer uma subida de ar eficaz a alturas adicionais para iniciar processos de condensação e formação de nuvens.

I.7. Conclusão da parte I

São apresentadas várias abordagens e as suas descrições com as fórmulas-chave para determinar os principais parâmetros de jactos térmicos criados artificialmente com energias iniciais, $Q_T = 2 - 200$ MW, que corresponde a um nível de energia intermédio. É mostrada a possibilidade de combinar vários aquecedores para aumentar a área do jato inicial e a energia térmica total do fluxo ascendente de ar. Como um bom aquecedor, pode-se usar também uma campainha ressonadora de uma sirene acústica, o que cria a sua dupla utilização e duplica os seus benefícios. Além disso, pode-se usar o aquecimento livre das campainhas a partir do sol, pintando-as com uma cor preta absorvente; isto não afectará as propriedades acústicas de tal ressonador. Introduzida adicionalmente, a menor potência pode aquecer o jato para o elevar mais e mais perto do nível em que as nuvens começam a formar-se.

II. *Concentrações dinâmicas de partículas no volume de um jato de ar ascendente*

II.1. Antecedentes do modelo

O modelo aqui apresentado destina-se a descrever a dinâmica da concentração espacial de partículas higroscópicas ou formadoras de gelo no interior de escoamentos ascendentes de ar que foram descritos anteriormente. Assume-se que as partículas introduzidas no jato ascendente de ar aquecido são tão pequenas que se movem ao longo do fluxo de ar e têm a mesma velocidade. A fonte de jato aquecido ascendente é uma combinação de sinos metálicos aquecidos e fogões intermitentes, estes últimos injectam as partículas de AgI em particular, que são evaporadas perto do solo e entram no fluxo de ar ascendente. São considerados dois modos propostos para um jato. O primeiro modelo corresponde à soma dos efeitos da campainha aquecida (uma ou mais) e de quaisquer fogões ligados. O segundo modelo pode ser realizado após o tempo em que todos os fornos são desligados, de modo que o aquecimento fraco do jato é fornecido apenas pelos sinos aquecidos e, por isso, uma porção de pó fino dentro do jato continua a subir lentamente. Uma implementação técnica do modelo pode ser analisada como um empacotamento denso de sinos e fornos tão próximos uns dos outros quanto possível para concentrar a energia, ver os sinos na Figura I.5, mas também são possíveis outras geometrias. O processo de mistura turbulenta inicial em altitudes $z < 100$ m é muito complicado e não é considerado aqui, uma vez que estamos interessados nos processos de dinâmica de gotículas e condensação nas alturas das nuvens. Suponha que o jato semanal tem uma mistura lenta num plano horizontal nos lados do cone a uma altitude significativa quando os coeficientes de mistura turbulenta se tornam menores, $\kappa = \nu \sim 1$ m^2/s [69].

A maioria dos cálculos é apresentada num sistema de coordenadas cilíndricas devido à forma cónica de um jato ascendente com um fluxo laminar lento. As fórmulas da velocidade do fluxo e da concentração de partículas perto do eixo e até à periferia na secção transversal do jato a diferentes alturas em simetria cilíndrica são analisadas e apresentadas com algoritmos simples para utilização simultânea durante as experiências. Em primeiro lugar, a área axial do jato como modelo 1D foi utilizada para ser parcialmente introduzida no modelo 2D para uma descrição adequada da dinâmica de uma concentração de pó em movimento na direção radial. O modelo 3D pode ser desenvolvido com a base apresentada através de termos adicionais utilizando ângulos azimutais para as fórmulas do modelo cilíndrico 2D aqui apresentadas. Para obter uma maior precisão, as análises 3D devem ser feitas com adição de turbulência, mas o modelo apresentado em coordenadas cilíndricas com ângulo azimutal é mais adequado para introduzir as vendas turbulentas típicas na área lateral do jato cónico ou no seu topo, pelo que a velocidade vertical do ar é reduzida em comparação com a turbulenta.

O modelo da parte II é simplificado e assume o movimento laminar ou turbulento médio do ar na região do jato médio. Também a mistura rápida inicial do ar aquecido a partir de baixo ocorre na área abaixo dos 100 metros, esta área inicial não é considerada em pormenor, e a turbulência começa novamente a desempenhar um papel significativo na parte superior, na altura máxima do jato, cerca de 1 - 1,5 km, onde a velocidade dos movimentos turbulentos do ar excede a velocidade do ar ascendente. Este modelo servirá para otimizar os parâmetros do jato artificial e do pó adicionado, bem como para regular influências adicionais, por exemplo, através de um campo acústico. A análise apresentada acima na parte I permite encontrar a concentração no eixo central do cone do jato. A análise que se segue tende a determinar o fluxo de ar e a respectiva concentração de pó em toda a área dos jactos ascendentes aquecidos artificialmente. No entanto, excluímos o revestimento fino nas suas superfícies cónicas e no topo do jato, onde a velocidade do jato envolvida na turbulência deve ser descrita através de um algoritmo adicional em separado.

II.2. Concentração da massa de pó em função do tempo e das coordenadas (z,R)

O primeiro objetivo desta análise em duas partes é encontrar as velocidades do ar em diferentes tempos, *t,* e coordenadas de localização *(z,R)* do espaço dentro de todo o volume do jato ascendente. O segundo objetivo é analisar a acumulação de pó e a sua concentração de massa em função do tempo. Considere-se o modelo mais simples de um jato aquecido em forma de cone com um pó minúsculo a subir juntamente com o fluxo de ar. Suponhamos que o fluxo de ar vertical ascendente laminar nominal para a baixa potência considerada dos jactos de ar aquecido, mas a velocidade do ar ascendente deve exceder as velocidades truculentas para a realização deste modelo, além disso, na altura média e superior não queremos dizer turbulência, mas apenas no jato e no topo do jato. A secção transversal do cone do jato forma um triângulo em que o eixo vertical corresponde à altitude axial *z*. Suponhamos que a secção transversal horizontal do cone forma um anel quadrado e que o raio interior é *R(z),* existindo $0 <$ $R < R_{max}$ com R_{max} na fronteira lateral do jato. De acordo com as experiências e com o conceito geralmente aceite apresentado na equação (I.38), a regra da velocidade radial do fluxo de ar ascendente é apresentada na forma seguinte para análise posterior:

$$w_R(z,R) \approx w(z)\left\{1-\left[R/R_{max}\right]^2\right\}^{1/2} \approx w(z)\sqrt{1-r_R^2}$$

(II.1)

Introduz-se aí a coordenada adimensional $r_R = R/R_{max}$ e a velocidade vertical w(z) corresponde a $w(z) \approx w z_0 x^{1/3}$. De acordo com a fórmula (II.1), a velocidade da corrente ascendente diminui para zero durante a aproximação à superfície cónica $R = R_{max}$, em cada secção transversal do jato. Isto significa que o fluxo ascendente de ar ao longo da superfície lateral do jato deve ter um atraso em relação ao fluxo axial. A restrição de fronteira para o cone de ar que forma a linha oblíqua nominal corresponde ao ângulo máximoθ_{max} com o numeral cerca de $tg(\theta_{max}) \approx 0.2$. Os ângulos internos do jato são 0 $<\theta <\theta_{max}$, uma vez que o caminho lateral do ar é mais longo do que a sua altitude vertical mais curta z_R *(z,0)* emθ =0.

O tempo t_R em$\theta > 0$ para as partículas no interior do vapor de ar subirem até à altura mas até ao ponto extremo do canto, z_R *(z,R),* é maior do que o tempo axial, $t_R > t_{\theta=0}$.

O comprimento da altura inclinada do cone, o limite exterior do cone até ao nível selecionado é indicado por z_R. É calculado como o produto da velocidade média do ar ao longo desta linha exterior w_R pelo tempo de aviso t_R. O tempo axial, $t_{\theta=0}$, e outros tempos, t_R, para qualquer localização de ponto com coordenadas (R,θ) estão relacionados:

$$z_R(z) = w_R(z)t_R(z),\,,\, z_{\theta=0}(z) = w_{\theta=0}(z)t_{\theta=0}(z)\, z_{\theta=0}/z_{R\max} = \cos\theta_{\max}$$

$$t_R/t_{\theta=0} = w_{\theta=0}(z)/\left[w_R(z,\theta)\cos\theta\right]$$

(II.2)

Existem $t_{\theta=0} = t_0$ e $w_{\theta=0} = w_0$. As fórmulas (II.2) indicam e determinam o tempo crescente para que a porção de pó obtenha um raio arbitrário, $r_R = R/R_{max}$, na secção transversal do jato a qualquer altitude z. Usando a fórmula (I.25b) para o tempo axial no interior do jato, $t_{\theta=0}(z) = t_0(z)$, obtém-se o tempo para obter a mesma altitude para um fluxo vertical angular:

$$t_R(z,t_0) \approx \frac{0.75z^{4/3}}{\{\cos(arctg\theta_{\max})\}\left[1-r_R^2(z)\right]^{1/2}} \approx \frac{t_0(z)}{0.98\left[1-r_R^2(z)\right]^{1/2}}$$

(II.3a)

Para simplificar os cálculos, o valor máximo foi introduzido em (II.3a) da seguinte forma $\cos(\ )\theta \approx \cos(\ )\theta_{\max} \approx \cos(\arctan(R_{max}/h) \approx \cos(\arctan(0.2) \approx 0.98058$. De acordo com a fórmula apresentada (II.3a), em comparação com as porções de ar axiais, um fluxo ascendente periférico tem tempos $t_R \approx 1,03\ t\times_{\theta=0}$ para $R = 0,1R_{max}$; $t_R \approx 1,2\ t\times_{\theta=0}$ para $R = 0,5R_{max}$ ou $t_R \approx 2,34\ t\times_{\theta=0}$, para $R = 0,9R_{max}$ ou $r_R = 0,9$. Os tempos mencionados, t_R, resultam da multiplicação de $t_0 = t_{\theta=0}$ pelo multiplicador adicional K_1 para a equação (II.3a).

$$K_1 \approx 0.98^{-1}\left(1-r_R^2\right)^{-1/2} \approx 1.020\left(1-r_R^2\right)^{-1/2}$$

(II.3b)

Não utilizando tempo axial nas equações (II.3a), $t_R > t_{\theta=0}$, a massa de pó em qualquer secção transversal do jato em *z*, ou em diferentes pontos radiais com *R* fixo ($r_R > 0$), a massa de pó resumida pode ser representada como um número de porções de pó para atingir o quadrado radial *R* selecionado, mas com 1 metro de altura e largura.

A dinâmica para a distribuição espacial do pó no interior do fluxo ascendente deve ser analisada a transformação por partículas ocupadas para satisfazer as equações (II.1-II.3). Propõe-se o menor peso e tamanho para as partículas, para que sejam apanhadas por uma corrente de ar ascendente. Considere-se que uma porção inicial de ar é libertada por um souse aquecido com injetor de pó, para o primeiro $t_1 = 1$ segundo esta altura é $z_1 = w_0$ perto do solo. O volume de 1ˢᵗ segundo que o jato com pó ocupa pode ser calculado como o volume do cone com a sua altitude inicial z_1 :

$$V_1 = \pi z_1 R(z_1)^2_{max} / 3t_1 \approx \pi t g^2 (\theta_{max}) z_1^3 / 3$$

(II.4a)

Uma concentração média de partículas pode ser calculada através da massa de pó emitida dividida pelo volume ocupado. A velocidade constante no tempo para o emissor de partículas do fogão para o fluxo ascendente é de cerca de $m_1 \approx 0,03$ g/s durante 6 minutos para 1 ciclo de funcionamento do fogão [48]. Assim, após cada segundo, a massa de pó introduzida é a mesma, $m\ t_1 \times_1 = 0,03$ g, e M_1 define a concentração inicial de massa em g /m³ .

$$\overline{M_1} \approx m_1 t_1 / V_1 = m_1 N_1$$

(II.4b)

O volume do jato é V_1 após o primeiro segundo tempo, $t_1 = 1$ s. Introduzir a função no tempo para a concentração do número de partículas, *N* em m⁻³ , como um volume inverso. Após o primeiro intervalo de tempo $t_1 = 1$ s, o valor inicial de *N* das partículas₁ pode ser calculado de acordo com a fórmula:

$$N_1 \approx t_1 / V_1(z) \approx \frac{1}{\pi R^2_{max,1} z_1} \approx \frac{1}{\pi t g^2 (\theta_{max}) z_1^3}$$

(II.4c)

No segundo seguinte, este volume inicial de pó ocupa a camada seguinte, que está localizada mais acima e tem a sua espessura de camada $\Delta z = z_2 - z_1$ e a base da primeira camada está localizada à altitude z_1 mas o nível superior tratado é z_2. A segunda porção semelhante de massa emitida $M_2 = M_1$ ocupa um volume anterior V_1. O novo volume com partículas após 2nd segundos é o seguinte:

$$V_2 = \frac{\pi}{3} z_2^3 tg^2(\theta_{max}) = \frac{\pi}{3} tg^2(\theta_{max})\left[z_2^3 - (z_2 - \Delta z_2)^3\right] \approx \pi tg^2(\theta_{max})\left[z_2^2 \Delta z_2\right]$$

(II.4d)

A fórmula comum para o volume do jato da primeira porção de pó que atinge a camada com espessura Δz a uma altitude arbitrária $z = z_i$ tem uma fórmula de acordo com esta hipótese de modelo:

$$V_i \approx \frac{\pi}{3} z_i^3 tg^2(\theta_{max}) \approx \frac{\pi}{3} tg^2(\theta_{max})\left[z_i^3 - (z_i - \Delta z_i)^3\right] \approx \pi tg^2(\theta_{max}) z_i^2 \Delta z(z_i)$$

(II.4e)

A altitude elevada é proposta, a relação $z >> \Delta z$ é correta, pelo que os termos $(\Delta z)_i^2 \sim 0$, $(\Delta z)_i^3 \sim 0$ são negligenciados a $z_i > 100$ m. Com a hipótese de conservação e transporte de uma primeira porção inicial de pó na camada $z = \Delta_i \Delta z$, a fórmula anterior (II.4e), juntamente com (II.4a), indica uma função de concentração média para a posição das partículas em altitude arbitrária $z_i = z$:

$$N(z) \approx \frac{1}{V(z)} \approx \frac{1}{\pi tg^2(\theta_{max})} \frac{1}{z^2 \times \Delta z(z)}$$

(II.5a)

Tal como acima, vamos assumir que um primeiro pacote de partículas injectadas perto do solo não se espalha na direção vertical após cada segundo devido à pressão, $P_0 \approx \rho_{jet0} w_0 / 2$, das porções seguintes de ar/pó. A porção inicial move-se para cima e o volume inicial torna-se mais espesso e mais largo. Obviamente, a espessura da camada, Δz, diminuirá com o tempo com o correspondente aumento da área da secção transversal, porque o raio do jato deve ser aumentado de acordo com $R_{max} \approx z\, tg \times \theta_{max}$.

Os cálculos efectuados através de (I.25b) ilustram o topo z_1, z_2 ... z_{360} para a elevação do pó após 1, 2... 360 segundos com uma velocidade inicial $w_0 = 10$ m/s como se segue: $z_1 = 6,98$ m após o 1st segundo, $z_2 = 10,74$ m, $z_3 = 15,90$ m e $z_{360} = 567$ m. Em particular, a cada segundo a espessura da camada líder inicial no topo do pacote, $\Delta z = z_i - z_{i-1}$, diminui, mas sua posição ganha altura adicional z_i. Há as seguintes estimativas:

$z_2 - z_1 = 4,76$ m; $z_3 - z_2 = 4,17$ m; $z_4 - z_3 = 3,83$ m ...

Fórmula da espessura de uma camada Δz a uma altitude arbitrária z_i (t) após o início do levantamento e no tempo $t_i = t$ é baseada em (I.25b) como se segue:

$$\Delta z(z_i) = z_i - z_{i-1}$$

(II.5b)

A aproximação de pequeno parâmetro no último termo, $1-3/(4t)$, tende para a relação seguinte:

$$\Delta z(t) = \left[4w_0 t_i / 3\right]^{3/4} - \left[4w_0(t_i - 1)/3\right]^{3/4} \approx \left(4w_0 t_i / 3\right)^{3/4}\left[1 - \left(1 - \frac{1}{t_i}\right)^{3/4}\right]$$
$$\approx \left(\frac{4w_0 t}{3}\right)^{3/4}\left(\frac{3/4}{t}\right)$$

(II.5c)

A fórmula do resultado é:

$$\Delta z \approx (3/4)^{1/4} w_0^{3/4} t^{-1/4} \approx 0.9306 w_0^{3/4} t^{-1/4}$$

(II.5d)

A fórmula (II.5d) permite transformar a equação (II.5a) numa função de concentração dependente do tempo $N(z)$, que pode ser apresentada através da equação seguinte:

$$N(z) \approx \frac{1}{\pi t g^2(\theta_{max})} \times \frac{1}{z^2 \Delta z} \approx \frac{4^{-5/4} 3^{5/4}}{\pi t g^2(\theta_{max})} w_0^{-9/4} t^{-5/4}$$

(II.6a)

O fluxo relacionado em função do tempo é o seguinte:

$$\frac{\partial N(t)}{\partial t} \approx -5 \times 3^{5/4} 4^{-9/4} \frac{w_0^{-9/4}}{\pi t g^2 \theta_{max}} t^{-9/4}$$

(II.6b)

O incremento da função de concentração no interior do jato, $N/\partial\partial\, t$, pode ser determinado unificando as fórmulas (II.6b) com a fórmula anterior $t(z) \approx 3z^{4/3}/(4w_0)$ (I.25b). Isto tende a resultar na derivada segundo a coordenada vertical $\partial t/\partial z \approx z^{1/3}/w_0 \approx 4^{1/4} 3^{-1/4} w_0^{-3/4} t^{1/4}$, porque a função é $z^{1/3} \approx 4^{1/4} 3^{-1/4} w_0^{1/4} t^{1/4}$ segundo a reorganização da (I.25b). A fórmula resultante da variação da concentração na direção vertical é a seguinte

$$\frac{\partial N(z)}{\partial z} = \frac{\partial N}{\partial t}\frac{\partial t}{\partial z} \approx \frac{-5 \times 4^{-9/4} 3^{5/4} w_0^{-9/4} t^{-9/4}}{\pi t g^2 (\theta_{max})}\left(\frac{4}{3}\right)^{1/4} w_0^{-3/4} t^{1/4} \approx \frac{-3 \times 4^{-2} 5}{\pi t g^2 \theta_{max}} w_0^{-3} t^{-2}$$

(II.6c)

Considera-se o modelo 3D em simetria cilíndrica no tempo. A equação de transferência de massa [73-74] é usada para encontrar a dinâmica da concentração de pó, $N(z,r,\varphi)$. A equação inicial tem a seguinte forma no sistema de coordenadas cilíndricas:

$$\frac{\partial N}{\partial t} + \frac{1}{r}\frac{\partial(rw_r N_r)}{\partial r} + \frac{1}{r}\frac{\partial(w_\varphi N_\varphi)}{\partial \varphi} + \frac{\partial(w_z N_z)}{\partial z} = D\nabla^2 N$$

(II.7a)

Negligenciar o pequeno coeficiente de difusão, $D \approx 0{,}22$ cm^2/s que não tem muita influência no interior do jato devido ao pequeno deslocamento de difusão, $w_D \sim (Dt)^{1/2} \sim 0{,}22^{0.5} \sim 0{,}5$ cm, em comparação com o diâmetro do jato a 1 km de altitude, cerca de 500 m in. Como resultado, a fórmula anterior (II.7a) é considerada mais adiante com $D = 0$ e zero na parte direita da equação, que pode ser reorganizada numa forma seguinte:

$$\frac{1}{r_R}\left[N_r w_r + r_R w_r \frac{\partial(N_r)}{\partial r_R} + r_R N_r \frac{\partial(w_r)}{\partial r_R} \right] + \frac{N_\varphi}{r_R}\frac{\partial(w_\varphi)}{\partial \varphi} + \frac{w_\varphi}{r_R}\frac{\partial(N_\varphi)}{\partial \varphi} +$$

$$+ w_z \frac{\partial N_z}{\partial z} + N_z \frac{\partial w_z}{\partial z} + \frac{\partial N}{\partial t} = 0$$

(II.7b)

w_r , w_z são as componentes radial e axial do vetor velocidade do ar e, de forma semelhante, N_r e N_z são as componentes da função de concentração nas direcções radial e axial, respetivamente. As derivadas apropriadas dos valores mencionados determinam os fluxos apropriados nas direcções radial e axial: w $/\partial_r \partial r$, w $/\partial_z \partial z$, N $/\partial_r \partial r$, N $/\partial_z \partial z$.

Analisar o modelo dependente do tempo, no qual não há dependência da coordenada angular e $\varphi = 0$ em (II.7a,b). A equação anterior (II.7b) tem uma forma seguinte:

$$N_r \frac{w_r}{r_R} + w_r \frac{\partial(N_r)}{\partial r_R} + N_r \frac{\partial(w_r)}{\partial r_R} + w_z \frac{\partial N_z}{\partial z} + N_z \frac{\partial w_z}{\partial z} + \frac{\partial N}{\partial t} = 0$$

(II.7c)

Não se conhece $N_r = N(r)$ a definir. Vamos reorganizar a (II.7c) para a seguinte equação resultante:

$$w_r \frac{\partial(N_r)}{\partial r_R} + N_r \left[\frac{\partial(w_r)}{\partial r_R} + \frac{w_r}{r_R} \right] + w_z \frac{\partial N_z}{\partial z} + N_z \frac{\partial w_z}{\partial z} + \frac{\partial N}{\partial t} = 0$$

(II.7d)

Esta é uma forma padrão [75] da equação diferencial de primeira ordem em relação à componente radial da função de concentração, N_r. mas $N = N/r' \partial \partial_R$ r. Também pode ser reescrita pela seguinte equação:

$$N_r' w_r + N_r \left[\frac{\partial(w_r)}{\partial r_R} + \frac{w_r}{r_R} \right] + w_z \frac{\partial N_z}{\partial z} + N_z \frac{\partial w_z}{\partial z} + \frac{\partial N}{\partial t} = 0$$

(II.7e)

Os coeficientes correspondem à forma mais simples de uma equação diferencial de primeira ordem:

$$N_r' f_1(r) + N_r f_0(r) = g(z,t)$$

(II.8)

Os novos símbolos nas equações (II.7-II.8) são os seguintes:

$$f_1(r) = w_r \quad , f_0(r) = \frac{\partial(w_r)}{\partial r} + \frac{w_r}{r}$$

(II.9a)

$$-g(z,t) = w_z \frac{\partial N_z}{\partial z} + N_z \frac{\partial w_z}{\partial z} + \frac{\partial N}{\partial t}$$

(II.9b)

A solução da equação diferencial (II.8) é obtida de acordo com o livro de referência [75] numa forma padrão:

$$N_r = K_0 e^{-F(r)} + e^{-F(r)} \int e^{F(r)} \frac{g}{f_1(r)} dr$$

(II.9c)

Existe uma constante após a integração, K_0, e $F(r)$ é definida do seguinte modo:

$$F = \int \frac{f_0(r)}{f_1(r)} dr = \int \left[\frac{1}{w_r} \frac{\partial w_r}{\partial r} + \frac{1}{r} \right] dr = \int \frac{-rdr}{[1-r^2]} + \int \frac{dr}{r} = \frac{1}{2} \ln\left|1-r^2\right| + \ln|r|$$

(II.10a)

Utilizou-se a relação (II.1) $w = w_{rz} (1-r)^{21/2}$ e a sua derivada em relação à variável r é $w_r' = -w_z r(1-r)^{2-1/2}$, ambas tendendo para a relação:

$$\frac{1}{w_r} \frac{\partial w_r}{\partial r} = \frac{-r}{(1-r^2)}$$

(II.10b)

Note-se que os termos exponenciais da solução $F(r)$ de acordo com (II.10a) tendem para a seguinte simplificação:

$$\exp(F) \approx \left(1 - r^2\right)^{1/2} r \quad, \exp(-F) \approx \frac{1}{\left(1 - r^2\right)^{1/2} r}$$

(II.10c)

O último termo da solução (II.9c), juntamente com (II.10c), pode ser simplificado para a forma seguinte:

$$\int e^{F(r)} \frac{g}{f_1(r)} dr = \frac{g}{\pi t g^2 \theta_{max} w_z} \int \frac{r\sqrt{1-r^2}}{\sqrt{1-r^2}} dr = A \frac{r^2}{2}$$

(II.10d)

É introduzida a nova designação $A = g/(w\, tg_z \pi^2 \theta)$. As fórmulas 1-D anteriores para os termos *dependentes de z* são utilizadas para o modelo 2D abaixo. Também são utilizadas as derivadas anteriormente determinadas, $N/\partial\partial t$ na relação (II.6b) e $N/\partial\partial z$ em (II.6c). Do mesmo modo, a derivada da componente axial da velocidade do ar, w $/\partial_z\partial z$, pode ser encontrada utilizando a equação (I.25a), $w\, w\, z_z \approx_0^{-1/3}$, tendo em conta o *z(t)* acima mencionado, de acordo com (I.25b). A fórmula resultante é a seguinte:

$$\partial w_z / \partial z = -w_0 z^{-4/3} / 3 \approx -4^{-1} t^{-1}$$

(II.10e)

Os termos em (II.9b), tendo em conta *N(z)*, $N/\partial\partial z$, $N/\partial\partial t$ nas equações (II.16a,b,c), bem como *w(z)* e w $/\partial_z\partial z$ em (II.10e), são reorganizados na forma:

$$\frac{-g}{w_z} = \left[\frac{\partial N_z}{\partial z} + \frac{N_z}{w_z} \frac{\partial w_z}{\partial z} + \frac{\partial N}{\partial t} w_z^{-1} \right] =$$

$$\approx -3 \times 4^{-2} 5 w_0^{-3} t^{-2} - 3 \times 4^{-2} w_0^{-3} t^{-2} - 3 \times 4^{-2} 5 w_0^{-3} t^{-2} = -\frac{33}{16} w_0^{-3} t^{-2} \approx$$

$$\approx \frac{-2.0625}{w_0^3 t^2}$$

(II.10f)

A função em (II.10d) assume a forma $A(w_0, t)$:

$$A = g / \left(w_z \pi t g^2 \theta_{max} \right) = \frac{2.0625}{\pi t g^2 \theta_{max}} w_0^{-3} t^{-2}$$

(II.10g)

A solução da fórmula (II.9c) para a equação diferencial tendo em conta as fórmulas anteriores (II.10c-d) tem a forma seguinte:

$$N(r) = \frac{K_0}{r_R \sqrt{1 - r_R^2}} + \frac{A r_R}{2\sqrt{1 - r_R^2}}$$

(II.11)

Se determinarmos um coeficiente arbitrário na solução K_0 de acordo com uma das equações de fronteira, podemos corresponder à ausência de concentração em $r_R = 1 = R/R_{max}$ no lado do cone do jato devido ao comportamento semelhante da velocidade do ar na equação (II.1) $w_r /_{rR=1} = 0$ como se segue:

$$N(r)\big|_{r_R=1} = 0$$

(II.12a)

Após multiplicação a $(1\text{-}r)_R{}^{21/2}$ com (II.11), a condição de fronteira (II.12a) tende para o valor seguinte do coeficiente K_0 :

$$K_0 \approx -A/2$$

(II.12b)

O resultado corresponde à ausência de um fluxo de concentração para a extremidade da superfície lateral do cone de raio $r_R = 1$, que satisfaz a equação (II.1) e o modelo de fronteira lateral em simetria cilíndrica de um jato.

A solução (II.11) pode ser finalmente reorganizada utilizando (II.10g) e (II.12b) na função N_r dependendo da coordenada adimensional $r_R = R/R_{max}$:

$$N_r = N(r_R) \approx -A \frac{\sqrt{1 - r_R^2}}{2 r_R} \approx \frac{1.03125}{\pi t g^2 \theta_{max}} w_0^{-3} t^{-2} \frac{\sqrt{1 - r_R^2}}{r_R}$$

(II.13)

Introduzir na fórmula resultante (II.13a) as concentrações de massa/número de pó devidas por analogia com (II.4b). Também é necessário um coeficiente para a multiplicação do coeficiente $K_1 \approx [0,98058(1-r)]^{21/2-1}$ em (II.3b). A distribuição radial da massa de pó, em g/m^3 , depende da massa unitária de pó injectada m_1 e do tempo necessário para atingir o nível z através da relação $t/t_{\theta=0R}$, de acordo com a fórmula:

$$M(r_r, w_0, t_0) \approx m_1 K_1 N_r \approx \frac{1.052}{\pi t g^2 \theta_{max}} m_1 w_0^{-3} t_0^{-2} r_R^{-1}$$

(II.14)

A concentração média de massa de pó pode ser calculada no interior de cada camada do jato em dinâmica, utilizando o quadrado da camada $R\pi_{max}^2$ e a espessuraΔ z em cada 1 segundo à altitude z, da seguinte forma

$$M_{av}(z, \Delta z, w_0, t_0) \approx \frac{m_1}{\pi t g^2 \theta_{max} z^2 \Delta z} \approx \frac{m_1}{\pi (r_R R_{max})^2 w(z)}$$

(II.15)

Os valores da concentração média da massa de pó após $t = 6$ min $= 360$ s com a altitude adequada de acordo com (II.14) são $M_{av} \approx 2,13 \times 10^{-6}$ - $5,567 \times 10^{-7}$ g/m^3 então as velocidades iniciais do ar são $w_0 = 5,7$ - 10,3 m/s.

O algoritmo apresentado propõe o cálculo de um fluxo vertical de pó, $M/\partial\partial z$ com base na equação (II.6c) e com as fórmulas (II.13), obtém-se o seguinte resultado:

$$\frac{\partial M}{\partial z} \approx m_1 K_1 \frac{\partial N}{\partial z} \approx -\frac{0.956}{\pi t g^2 \theta_{max}} m_1 w_0^{-3} t_0^{-2} \left(r_R \sqrt{1-r_R^2} \right)^{-1}$$

(II.16)

O fluxo radial de pó é o seguinte:

$$\frac{\partial M}{\partial r} \approx m_1 K_1 \frac{\partial N}{\partial r_R} \approx -\frac{1.052 m_1 \left(1-r_R^2\right)^{-1/2}}{\pi t g^2 \theta_{max}} w_0^{-3} t_0^{-2} \frac{2r_R^2-1}{r_R^2 \sqrt{1-r_R^2}} \approx$$

$$-\frac{1.052 A}{\pi t g^2 \theta_{max}} m_1 w_0^{-3} t_0^{-2} \frac{2r_R^2-1}{r_R^2 - r_R^4}$$

(II.17)

As fórmulas resultantes descrevem a distribuição e os seus fluxos para a concentração da massa de pó de acordo com o raio do jato no quadrado $R\pi^2_{max}$ a qualquer altitude z; mas excluindo as áreas axiais centrais onde $r_R \rightarrow 0$. São efectuados cálculos adicionais, válidos nas regiões radiais $0,01 \leq r_R < 0,99$, de acordo com a nossa hipótese.

II.3. Concentrações de massa e número de pó na coordenada radial do jato

De acordo com o aumento da altitude no interior do fluxo ascendente, existe uma deformação da concentração de pó devido à não homogeneidade radial da velocidade radial do ar nas direcções axial e periférica. A concentração radial de massa de pó é calculada de acordo com a fórmula (II.14) e apresentada nas Figuras II.1a,b, mas a área central em $r_R < 0,1$ é excluída devido à ausência de tendências naturais para o infinito, de acordo com a interpretação matemática de r_R^{-1} nas fórmulas. A Figura II.1a compara os gráficos de acordo com três casos de velocidade inicial do ar, então $w_0 =$ 5,7, 7,7 ou 10,3 m/s, mas para os mesmos tempos de propagação dos jactos durante o tempo de funcionamento da estufa, ou seja, $t = 360$ s $= 6$ min. As altitudes apropriadas dos jactos foram calculadas com diferentes velocidades iniciais do ar no momento mencionado $t = 6$ min, são $z = 378$ m, 475 m, 590 m. A próxima porção de combustível com reagente deve ser incorporada no fogão para obter uma altitude 2 - 3 vezes maior, ou o primeiro fogão deve ser mudado para outro rapidamente. As produções da fonte de partículas têm a mesma potência $m_l = 0,03$ g/s de um fogão especial para evaporação de AgI, cuja densidade do material é $\rho_p = 5675$ kg/m^3 . A figura II.1b apresenta as distribuições de pó no interior dos três jactos mencionados, mas à mesma altitude de 1000 m; estes jactos têm diferentes velocidades iniciais w_0 e tempos para atingir a mesma altitude. O intervalo radial seguinte é excluído $0,01 < r_R < 0,1$ e assim sucessivamente até $0,9 < r_R < 1$, sendo a restrição $r_R \approx 1$.

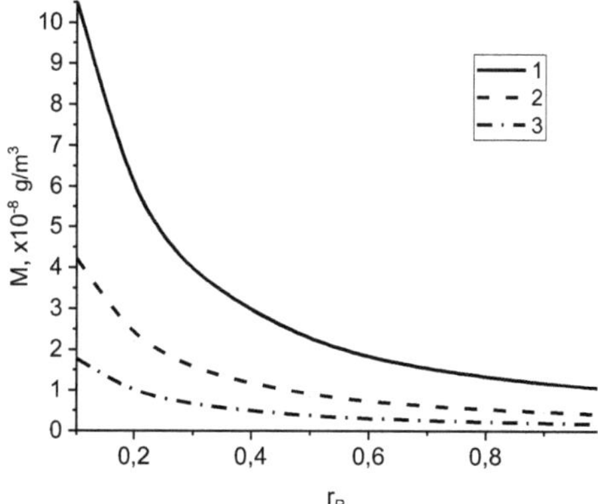

Figura II.1a. Distribuição radial das concentrações de massa de pó no interior de jactos térmicos ascendentes no tempo t = 360 s. As curvas 1,2 ou 3 correspondem à velocidade inicial do ar w_0 = 5,7, 7,7 ou 10,3 m/s.

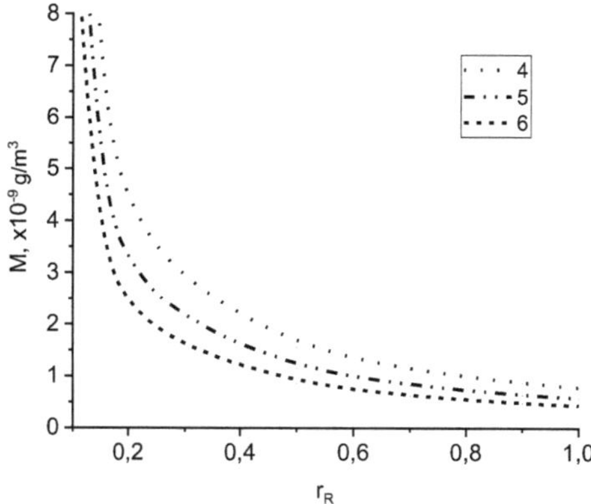

Figura II.1b. Distribuição radial das concentrações de massa de pó no interior de jactos térmicos a uma altitude z = 1000 m. As curvas 4, 5 ou 6 correspondem à velocidade inicial do ar w_0 = 5,7 m/s (com o tempo de funcionamento necessário da estufa $t \approx$ 22,2 min); w_0 = 7,73 m/s (t = 927 s); ou w_0 = 10,32 m/s (t = 727 s). Propõe-se a injeção de pó m_1 = 0,03 g/m³ .

Quanto maior for a altitude z, menor será a diferença nas concentrações e distribuições de massa de pó para os casos mencionados. Existe uma possibilidade de as concentrações de pólvora aumentarem através da utilização simultânea do número de emissores de pólvora devido ao multiplicador linear de massa na equação (II.13-14). Por exemplo, se os sete fogões de pó mencionados puderem ser ligados, o pó injetado pode ser aumentado proporcionalmente até $7m_1 = 0,21$ g/s.

Foram calculadas diferentes variantes da concentração radial $M(r)$ de acordo com a fórmula (II.14), mas, na prática, o mais importante é a concentração do número de partículas por 1 cm^{-3}, n_p. Denotamos o raio médio r_p e a massa de cada partícula $m_p = 4\, r\pi_p^{3}\rho_p /3$, pelo que a concentração numérica, tendo em conta a equação (II.14), é a seguinte

$$n_p \approx M(r_R)/m_p \approx 2.0 \frac{m_1}{r_p^3 \rho_p} w_0^{-3} t_0^{-2} r_R^{-1}$$

(II.18)

A concentração numérica é calculada de acordo com a equação (II.18) para um raio molecular $r_p \sim 10^{-8}$ m $=10$ nm. Os resultados das concentrações numéricas são indicados nas Figuras II.2a e II.2b após o tempo $t = 360$ s ou à altitude do jato $z = 1$ km, respetivamente. As Figuras II.2a-b utilizam o cálculo da média parcial seguinte para a concentração de acordo com a equação (II.18). As fórmulas para M e n resultante$_p$ indicam proporções de $1/r_R \approx 1/0,01$ em toda a pequena área próxima da secção transversal axial, $0 \leq r \leq 0,01$. Suponhamos que em toda a área central do jato com raio $0 \leq r_R \leq 0,01$, a concentração é proporcional a $1/r_R = 100$. Do mesmo modo, a concentração no interior do intervalo radial $0,1 \leq r_R \leq 0,2$ foi calculada em $r_R = 0,1$, e assim sucessivamente até ao intervalo de raio $0,9 \leq r_R \leq 1$ em que a concentração é proporcional a $1/r_R = 1$ na equação (II.18). Os níveis de concentração em degraus mencionados são apresentados nas Figuras II.2a-b por conveniência e evidência. As Figuras II.2b indicam bons resultados, porque a maioria dos dados na secção transversal do jato fornecem concentrações numéricas semelhantes em comparação com as gotículas em nuvens naturais, 74 - 288 cm^{-3} [76] , e concentrações semelhantes são realizadas num trabalho de introdução experimental de partículas com aviões para aumentar a precipitação [11]. As concentrações de partículas higroscópicas mencionadas formam gotículas de forma eficaz para criar nuvens como as naturais.

As altitudes importantes do jato são superiores a $z\sim$ 500 m, o que é conseguido após t = 360 s de injeção de pó no interior do jato térmico. Os dados calculados mencionados indicam que o jato térmico pode elevar partículas de pó de 10 nm para iniciar a condensação de gotículas com formação de nuvens a $z\sim$ 500 m dentro da atmosfera húmida. Ao mesmo tempo, o AgI é uma substância glaciar que só pode funcionar a uma temperatura negativa, $T\leq$ 0° C. Consequentemente, numa atmosfera padrão com $\gamma\approx$ 6,5° C/km, a temperatura inicial do solo deve ser$\leq$ 3,25° C, o que não é típico da utilização   real   do   método   de   jato   no   verão.

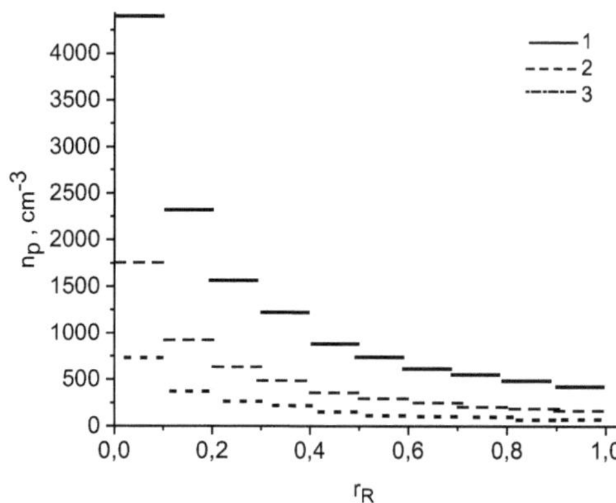

Figura II.2a. Distribuição radial das concentrações numéricas para partículas com raios $r_p\sim$ 10 nm no interior de jactos térmicos ascendentes no tempo t = 360 s. As curvas 1, 2 ou 3 correspondem à velocidade inicial do ar w_0 = 5,69, 7,73 ou 10,32 m/s.

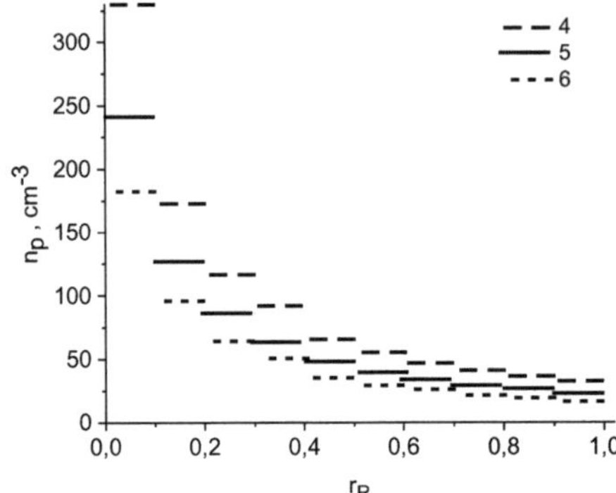

Figura II.2b. Distribuição radial das concentrações numéricas à altitude $z = 1000$ m para partículas com raios $r_p \sim 10$ nm. Curvas 4, 5 ou 6 adequadas à velocidade inicial do ar $w_0 = 5{,}69$ m/s (com t = 1321 s $\approx$ 22,2 min); $w_0 = 7{,}73$ m/s (t = 927 s); ou $w_0 = 10{,}32$ m/s (t = 727 s). A injeção de pó é $m_1 = 0{,}03$ g/m^3 .

A temperatura do solo$\leq 6{,}5°$ C, a altitude $z = 1$ km tem uma temperatura negativa e, de acordo com o cálculo da figura II.2b, a concentração necessária do número de pó, 288 cm^{-3} , só pode ser atingida na zona central do jato, $0 \leq r_R \leq 0{,}1$ e com uma velocidade do ar menor. Parte-se do pressuposto de que cada molécula pode transformar-se numa gotícula à altitude da nuvem a uma temperatura negativa, mas as perdas de pó são possíveis na realidade. O próximo pressuposto é que as moléculas individuais podem voar a longa distância sem se auto-aglomerarem. Por último, o vento natural pode efetivamente perturbar o mecanismo de transferência do pó. Os aspectos mencionados podem provocar perdas de partículas de trabalho, pelo que a injeção de pó deve ser aumentada, se necessário.

Vamos comparar as concentrações numéricas resultantes com os dados da revisão de Milles [76]. De acordo com os dados do trabalho mencionado, é possível encontrar uma média das concentrações do número de gotículas em nuvens continentais, n_c , e marinhas, n_m , como $n_c \approx 288 \pm 160$ cm^{-3} e $n_m \approx 74 \pm 45$ cm^{-3} . As avaliações indicam a possibilidade de obter valores efectivos de concentração numérica, mas com a utilização de partículas de raio mínimo~ 10 nm, ver Figuras II.2a, b. Além disso, se os raios das partículas tiverem um tamanho de cerca de r_p = 20 nm, a massa de energia ejectada deve ser aumentada para 2^3 = 8 vezes, de acordo com a fórmula (II.18), para obter as mesmas concentrações de massa que correspondem às Figuras II.2a-b. Assim, uma maneira simples de aumentar a injeção de pó até ao nível apresentado na figura com r_p = 20 nm é utilizar os fogões q_{st} = 8 semelhantes, em que a massa ingerida total passa a ser m_I = 0,03× 8 = 0,24 g/s. Para as mesmas concentrações de massa, um aumento do raio das partículas diminui as concentrações numéricas à medida que r_p^{-3} de acordo com o denominador da fórmula (II.18). A distribuição das concentrações numéricas após o tempo de voo t = 360 s em função do raio do jato, r_R , e do tamanho das partículas r_p~ 10 nm é apresentada na Figura 3a nas curvas 1, 2, 3 com diferentes velocidades iniciais de subida. A distribuição radial das concentrações numéricas à altitude t = 1000m para partículas r_p~ 10nm é indicada na Figura 3b nas curvas 4, 5 ou 6, consoante a velocidade inicial do ar w_0 = 5.69 m/s; w_0 = 7,73 m/s; ou w_0 = 10,32 m/s; são indicados os tempos adequados para atingir a altitude de 1 km da seguinte forma: t_0 = 1321 s≈ 22,2 min; t_0≈ 927 s; ou t_0≈ 727 segundos, respetivamente. A injeção de pó é suposta através de uma porção, m_I = 0,03 g/m³ . É possível observar a diferença de concentração radial nos gráficos 3D das Figuras II.3 em função da velocidade inicial w_0 e dos raios das partículas r_p .

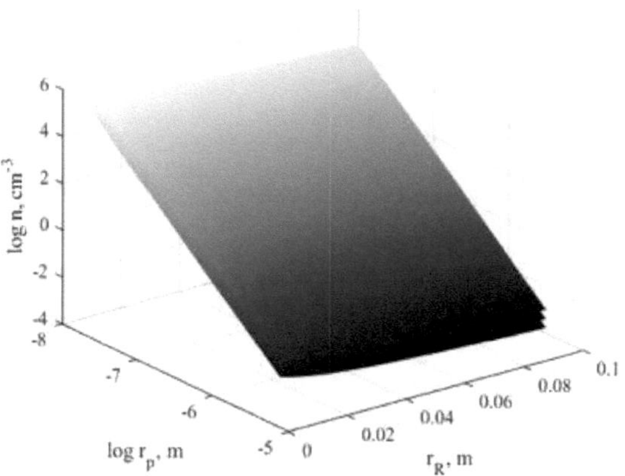

Figura II.3. Distribuição das concentrações numéricas, após $t = 360$ s, em raios adimensionais num jato, r_R , dependendo de partículas com raios $r_p \sim 10$ nm (corresponde a log $r_p = -8$) até $r_p = 3\mu$ m. As placas 1, 2 ou 3 correspondem à velocidade inicial do ar $w_0 \approx 5{,}7$, $7{,}7$ ou $10{,}3$ m/s.

O fogão que emite partículas num jato perto do solo funciona durante um tempo limitado (6 minutos) devido à porção de combustível carregado; depois de desligado, o jato fracamente aquecido continua a fazer subir a pólvora. Além disso, as partículas sobem no jato, mas a uma velocidade inferior, uma vez que o aquecimento do jato é provocado apenas pelo sino menos aquecido. Além disso, a concentração de pó aumenta um pouco com a diminuição da velocidade do ar. Ao mesmo tempo, a altura limite do jato z_{lim} será menor, o que, em princípio, é um resultado negativo.

II.4. Condensação de gotículas de água no interior do jato térmico

A condensação de gotas num jato de ar aquecido turbulento em movimento com parâmetros ambientais variáveis é extremamente aproximada, mas a parte superior do jato é mais interessante devido ao início da formação de nuvens. Juntamente com as monografias fundamentais [8, 9, 77] onde a questão da condensação do continuum de gotas nubladas é considerada.

Em primeiro lugar, segue-se um modelo mais simples para o início da condensação em partículas de sal higroscópico, de acordo com Rogers [9]. O raio crítico da gota é r_c^* , para o raio mínimo da gota na nuvem; a evaporação das gotas depende do parâmetro de super-saturação, s_c^* e dos parâmetros a,b, como se segue:

$$r_c^* = \sqrt{3b/a}$$

(II.19)

$$s_c^* = 1 + \sqrt{\frac{4a^3}{27b}}$$

(II.20)

$$a = 2\sigma/(\rho_w R_v T) \;,\; b = 3iMm_v/(4\pi\rho_w m_s) = 3i \times r_{NC}^3(m_v\rho_{NC}/m_s\rho_w)$$

(II.21)

Os valores a,b são parâmetros para cálculos no sistema SI: . para NaCl com $r_{NC} = 1\mu$ m, $a\approx 1{,}332\times 10^{-18}$, $b\approx 1{,}192\times 10^{-9}$ a $T = 273$ K. As densidades da água$\rho_w = 1000$ kg/m³ e das partículas de NaCl sal$\rho_{NC} = 2165$ kg/m³ ; o $i = 2$ (para NaCl) é um fator de Van't-Hoff; as massas molares são $m_w = 18$ g/moll para a água e $m_{NC} = 58.5$ g/moll para o NaCl; a constante de gás do vapor de água $R_v = 461$ J/(kg$\times$ K); T é a temperatura em Kelvin; $M = 4\,r\pi_{NC}^3\rho_{NC}/3$ é a massa de sal; a tensão superficial é$\sigma = 0{,}075$ N/m. Os cálculos dos parâmetros críticos são apresentados na Tabela II-1, onde o raio da gota inicial é proposto como sendo igual ao raio do sal. O cálculo da super saturação crítica necessária é de cerca de $3{,}881\times 10^{-5}$, $1{,}23\times 10^{-4}$ ou $0{,}04.3\times 10^{-3}$ quando o raio da gota inicial é proposto como aproximadamente igual ao raio da partícula de sal r_{NC} $= r_c^* = 0{,}5$, 5 ou 10μ m à temperatura ambiente $T = 0°$ C, por exemplo. Os cálculos indicam uma super-saturação muito pequena que é necessária para todos os casos considerados para iniciar a condensação do vapor de água nas partículas de sal de NaCl. Mais exatamente, a diferença em $r(t)$ é de cerca de 0,001% no caso de uma super-saturação típica $s_c^* = 1{,}01$ em comparação com o caso $s_c^* = 1$.

A fórmula mais simples de crescimento de uma gota devido ao vapor no ambiente baseia-se na abordagem comum do livro de R.Rogers [9], como se segue:

$$r\frac{dr}{dt} = \frac{(s-1) - a/r + b/r^3}{F_k + F_D}$$

(II.22)

Os termos térmicos e de difusão adicionais, F_k e F_D , foram calculados da seguinte forma:

$$F_k = \left(\frac{L_v}{R_v T} - 1\right) \times \frac{L_v\rho_w}{K_T T} \;,\; F_D = \frac{R_v\rho_w T}{DP_s(T)}$$

(II.23)

O K_t =0,026 W/(m K) é a constante de condutividade térmica do ar; o coeficiente de difusão é $D \approx 0,2 \times 10$ m^2 /s; a pressão do vapor de água na saturação é P_s em N/m^2 . A P_{sat} *(T)* pode ser determinada com a equação de Antoine e com a seguinte:

$$P_s(T) \approx P_{s0} \times \exp\left[L_w\left(T_0^{-1} - T^{-1}\right)/R_v\right],$$ por exemplo, tem-se $T_0 = 273$ K; $P_{s0} = 610,8$ Pa. O procedimento de cálculos é válido para intervalos de tempo menores, $t \ll 1$ segundo, pois a super saturação de vapor d'água no meio das nuvens tem grandes alterações que devem ser corrigidas no tempo.

A descrição do crescimento difusional e da evaporação de um conjunto de partículas de nuvens é um dos problemas fundamentais da física das nuvens. O comportamento da equação da supersaturação foi analisado em muitos estudos [78 -82], por exemplo. Os autores [81] generalizaram esta equação para um sistema trifásico constituído por gotículas de líquido, partículas de gelo e vapor de água. O resultado desses trabalhos foi uma descrição analítica da supersaturação em uma parcela de nuvem adiabática em movimento vertical. Numa série de estudos [83-85], os autores apresentaram uma série de fórmulas analíticas para calcular parâmetros inter-relacionados na nuvem. Com base no balanço da massa de água, a equação para a razão de mistura adiabática da água líquida, são obtidas séries óptimas de equações relacionadas e fórmulas de resultados. As abordagens mencionadas permitiram estimar a gama de alargamento espetral das gotículas causada pelas flutuações da supersaturação; também encontrar fórmulas analíticas para o valor máximo da supersaturação e a sua distribuição acima da base da nuvem; e demonstrar a universalidade dos perfis verticais da supersaturação e do teor de água para muitos cálculos de parâmetros. As abordagens para a solução analítica da grande variedade existente relacionada com este tópico podem ser observadas [86-89]. Para resolver o problema da condensação-coalescência nas caraterísticas dos processos de sedimentação, surgiu um número significativo de estudos nos últimos vinte anos sobre o crescimento de gotículas de nuvens por difusão de vapor de água, movimento e por colisão-coalescência num ambiente turbulento. O crescimento difusional associado à turbulência em grande escala pode levar a um alargamento espetral significativo. Também a turbulência de pequena escala em nuvens cumulus contribui significativamente para a colisão-coalescência de gotículas de pequenas dimensões, o que tem impacto no início da chuva quente. A natureza multiescala dos processos microfísicos das nuvens turbulentas e as questões de investigação em aberto são delineadas ao longo de todo o processo. Nos trabalhos [90, 91], a modelação numérica complexa foi apresentada e efectuada. Em particular, as principais relações entre a largura da distribuição do tamanho das gotículas das nuvens e os processos microfísicos com caraterísticas de nuvens cumulus rasas sem precipitação são investigadas através de simulações de grandes dimensões. A largura relativa dos espectros de tamanho de gotículas não depende fortemente da concentração inicial de aerossol ou da concentração média de gotículas em nuvens cúmulos rasas. No entanto, verificou-se que os valores locais da largura relativa estão positivamente correlacionados com os valores locais das concentrações de gotículas, particularmente nas regiões supersaturadas das nuvens. Em geral, o espetro das distribuições de tamanho de gotículas torna-se mais estreito à medida que a concentração local de gotículas aumenta, o que é consistente com as expectativas baseadas na física. Os resultados da simulação bin demonstram que as parametrizações mais adequadas devem ser baseadas na relação entre os valores locais da largura relativa do espetro e a concentração de gotículas na nuvem.

Para determinar se a altura limite dos jactos térmicos considerados é suficiente para atingir o nível de condensação e, consequentemente, a possibilidade de formação de nuvens, considere a área próxima do ponto de orvalho na atmosfera. O ponto de orvalho, T_p, pode ser calculado aproximadamente dentro do fluxo vertical adiabático com base na temperatura da superfície T_0 e na humidade do ar, RH, em %, de acordo com as seguintes fórmulas empíricas [106]:

$$T_p = \frac{a_1 \cdot f(T_0, RH)}{a_2 - f(T_0, RH)}, \quad f(T_0, RH) = \frac{a_2}{a_1 + T_0} + \ln(RH/100)$$

(II.24)

Existem parâmetros adicionais no sistema SI $a_1 = 17{,}27$, $a_2 = 237{,}7°$. As altitudes do ponto de orvalho na atmosfera padrão são calculadas em $\gamma = dT\,/\,dz \approx 6.5^0\,C\,/\,km$.

Por exemplo, o cálculo de acordo com a fórmula anterior indica a temperatura do ponto de orvalho $T_p \approx 10{,}5°$ C à humidade do ar $RH = 30\%$ com altitude apropriada z $_{Tp}\approx$ 3 km; $T_p \approx 18{,}4°$ C à humidade do ar $RH = 50\%$ com altitude apropriada z $_{Tp}\approx$ 1,78 km; $T_p \approx 10{,}5°$ C à humidade do ar $RH = 90\%$ com altitude apropriada z $_{Tp}\approx$ 282 m. As considerações anteriores indicam que é difícil entregar o pó a altitudes elevadas correspondentes a temperaturas negativas, mas que é possível entregá-lo à altitude do ponto de orvalho na maioria dos casos práticos no verão, porque $z_{Tp} \ll z_{T=0}$. O cálculo acima efectuado dá obviamente preferência à utilização de pós higroscópicos em vez de pós glaciares.

II.5. *Investigação do conjunto de gotículas em nuvens através de* radar

Os diagnósticos de radar com métodos de processamento de sinais são atualmente muito importantes para a medição dos parâmetros das nuvens [92-104]. Vamos apresentar várias fórmulas básicas de métodos para o processamento de tais sinais, a fim de obter caraterísticas para gotas na nuvem investigada para o aumento da precipitação. O fator de refletividade do radar medido, Z em mm $/m^{63}$, no interior de nuvens não chuvosas, por exemplo, com uma distribuição do tamanho das gotas, é apresentado sob a forma

$$Z = 64\int\limits_{0}^{\infty} n(r)r^6 dr$$

(II.25)

O raio efetivo das gotículas das nuvens pode ser determinado como uma razão entre o terceiro momento e o segundo momento da distribuição do tamanho das gotículas,

$r_e = \int\limits_{0}^{\infty} n(r)r^3 dr \; \Big/ \; \int\limits_{0}^{\infty} n(r)r^2 dr$. A distribuição lognormal do tamanho das gotas é utilizada frequentemente para descrever o espetro das gotas numa forma:

$$n(r) = \frac{1}{\sqrt{2\pi}\,\sigma\, r}\exp\left[-\frac{\left[\ln(r/r_0)\right]^2}{2\sigma^2}\right]$$

(II.26)

Normalmente, σ é a largura logarítmica da distribuição do tamanho das gotas e r_0 é o raio mediano geométrico. A norma $I = \int\limits_{0}^{r\max} n(r)dr = 1$ é calculada para ser válida.

Muitas vezes, para a nuvem, em [98] e outros, um parâmetro de nuvem médio é $\sigma = 0{,}35$. Diferentes algoritmos são utilizados para detetar os principais parâmetros das nuvens, r_e , LWC, N_{cl} , a partir do sinal de radar refletido, Z. De acordo com as relações seguintes, a refletividade do radar pode ser escrita [92] em função do teor de água líquida na nuvem LWC (ou r_e), da concentração total do número de gotículas na nuvem, N_{cl} e do desvio padrão geométrico da distribuição do tamanho das gotículas:

$$Z = 48 \times LWC^2 \exp\!\left(9\sigma^2\right)/\left[\pi\rho N_{cl}\right]$$

(II.27a)

$$Z = 64 \times N_{cl} r_e^6 \exp\!\left(3\sigma^2\right)$$

(II.27b)

O sinal de radar pode fornecer r_e , que é o raio efetivo das gotículas de nuvem, da seguinte forma [92]:

$$r_e \approx 22 \exp\!\left[0.384 \log(10Z)\right]$$

(II.28a)

Também o valor médio r_e na nuvem é derivado usando a parametrização de [92, 97, 107]; aí pode ser apresentado dependendo do caminho da água líquida, LWP em g/m^2 , dentro da coluna atmosférica, também o rácio de transmissão solar γ, e o cosseno do ângulo zenital solar φ_0 :

$$r_e \approx -2.07 + 2.49 LWP + 10.25\gamma - 0.25\varphi_0 + 20.28 LWP\gamma - 3.14 LWP\,\varphi_0$$

(II.28b)

Os efeitos de diferentes distribuições de tamanho de gotas, *n(r)*, dispersão espetral, σ e a relação de parametrização entre r_e, *LWC* e N_{cl} foram analisados com a sua relação, e para a distribuição lognormal de nuvens pode ter uma forma simples:

$$LWC = N_{cl}\left[(4\pi/3)r_0^3 \rho_w \exp(9\sigma^2/2)\right]$$

(II.28)

Exemplos de distribuições lognormais de gotículas para nuvens sem precipitação são considerados para calcular os parâmetros r_0 utilizando dados de radar conhecidos de outros parâmetros de nuvens, LWC, σ, N_{cl}, no Quadro II.1. Foram introduzidas 5 linhas[th] e 6 linhas[th] como exemplos típicos que foram retirados de uma revisão [76] como 1 posição[st] na Tabela-1 e 6 posições[th] na Tabela-2; os parâmetros mencionados correspondem a nuvens marinhas típicas (5 casos) e nuvens continentais (6 casos).

Tabela II.1. Exemplo de caraterísticas das nuvens com base nos parâmetros da distribuição lognormal das gotas.

N_{cl}, m⁻³	10^6	10^7	10^8	10^8	50×10^6	350×10^6
σ	0.35	0.35	0.35	0.35	0.24	0.28
LWC g/m³	0.5	0.5	0.5	1	0.15	0.22
,r m_e μ	55.65	25.83	11.99	15.11	9.5	5.75
,r, m_0 μ	40.97	19.02	8.83	11.12	8.2	4.75

Os gráficos apresentados na Figura II.6 correspondem aos dados apropriados da Tabela II.1 para visualização e comparação.

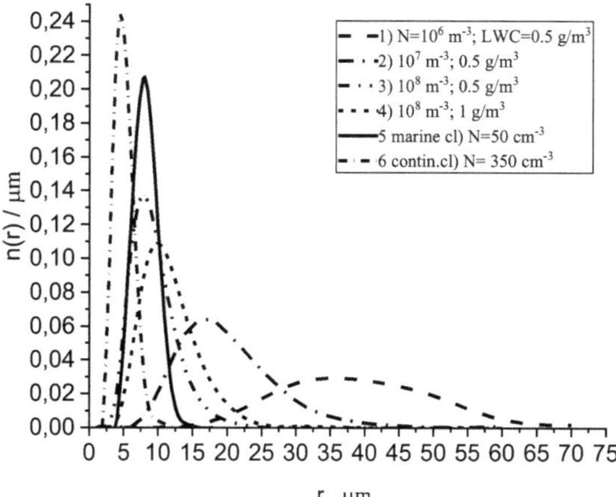

Figura II.6. As distribuições lognormais das nuvens, *n(r)*, em mμ⁻¹ de acordo com os dados da Tabela II.1.

A distribuição gama é utilizada para nuvens de águas mais cheias; as fórmulas podem ser encontradas em [67, 96]. A precipitação chuvosa é descrita pela equação de Marshall-Palmer [99]. Tanto o coeficiente de refletividade do radar como a sua versão logarítmica são normalmente referidos como refletividade de dBZ, que significa decibel relativo à distância Z. É uma unidade logarítmica sem dimensão utilizada no radar, principalmente no radar meteorológico, para comparar a refletividade equivalente de um objeto distante (em mm por m) com a reflexão de uma gota de chuva com um diâmetro de 1 mm (1 mm por m). É proporcional ao número de gotas por unidade de volume e à sexta potência do diâmetro das gotas, sendo assim utilizado para estimar a intensidade da chuva ou da neve. Com outras variáveis analisadas a partir dos sinais de radar, ajuda a determinar o tipo de precipitação. A refletividade logarítmica L_Z em dBZ é a seguinte:

$$L_z = 10\log(Z/Z_0)$$

(II.29a)

Pode ser convertido aproximadamente para a taxa de precipitação, R, em milímetros por hora, utilizando a fórmula de Marshall-Palmer:

$$R \approx \left[10^{(dBZ/10)} / 200\right]^{5/8}$$

(II.29b)

Os valores dBZ >20 indicam normalmente precipitação em queda. Atualmente, estão a ser desenvolvidas medições exactas da precipitação por radar [105, 106]. Observações de distribuição de tamanho de gota de chuva (DSD) com disdrômetros OTT PARSIVEL em Dari e Delingha no nordeste do Planalto Tibetano (TP) durante o verão de 2019 e 2020 foram utilizadas para investigar as caraterísticas de DSD e as relações de estimativa de precipitação quantitativa de radar polarimétrico baseadas em DSD nas bandas X, Ku e Ka. As caraterísticas do DSD foram examinadas para diferentes taxas de chuva e para tipos de chuva estratiforme e convectiva; os espectros de gotas de chuva tornaram-se mais largos e planos à medida que a chuva aumentava. Os parâmetros gama N0, μ e λ (que representam os parâmetros de interceção, forma e declive, respetivamente) foram mais pequenos para a precipitação convectiva do que para a precipitação estratiforme, correspondendo aos espectros de gotas de chuva convectivas mais largos e planos. As relações μ-λ e Dm-log10Nw também foram examinadas no nosso estudo. As relações de radar polarimétrico de dois parâmetros baseadas em DSD e as relações de um parâmetro no radar das bandas X, Ku e Ka foram propostas, e a chuva calculada a partir de DSD foi implementada para avaliar as relações de parâmetros. O desempenho dos modelos de dois parâmetros foi mais forte do que o dos modelos de um parâmetro. Além disso, o modelo de chuva teve o melhor desempenho para a banda Ka. A medição Z da banda Ka/Ku em Dari foi utilizada para avaliar as relações QPE Z(Rain) e Rain(Dm). As séries de chuva derivadas do radar Ku são mais consistentes com as contrapartidas medidas pelo DSD. A investigação dos modelos de parâmetros de radar de dupla polarização é vital para desenvolver algoritmos de QPE de radar. Neste estudo [106], a exploração atmosférica do Planalto do Tibete (TP) foi realizada utilizando dados do radiómetro de micro-ondas terrestre (MWR) recolhidos durante a monção de verão do Leste Asiático. A temperatura atmosférica, a pressão, a humidade e outras variáveis foram recolhidas em condições de céu limpo, céu nublado e céu chuvoso. Foram investigadas as caraterísticas estatísticas da altura da parcela de ar e os índices de estabilidade/convecção, tais como a energia potencial convectiva disponível (CAPE) e a inibição convectiva (CIN), com especial incidência na condição de céu chuvoso. Foram apresentadas duas aplicações de recuperação para caraterizar a precipitação, nomeadamente a previsão de precipitação a curto prazo e a estimativa quantitativa da precipitação. Os resultados mostraram que os valores CAPE na região de Darlag atingiram extremos por volta das 18:00-20:00 (UTC+8) para condições de céu nublado e de céu chuvoso, com picos correspondentes de cerca de 1046,56 J/kg e 703,02 J/kg, respetivamente. Quando ocorre precipitação estratiforme ou com mistura convectiva, os valores de CAPE foram geralmente superiores a 1000 J/kg. É provável que os valores de CAPE diminuam antes da ocorrência de precipitação devido à libertação do calor latente na atmosfera.

II.6. Conclusões da parte II

O modelo analítico simplificado proposto descreve a distribuição dinâmica do pó de elevação no interior do volume do fluxo ascendente térmico criado artificialmente e a concentração espacial de partículas relacionada com o jato com potência de aquecimento intermédia. A velocidade e a temperatura iniciais do ar são parâmetros muito importantes para elevar o pó higroscópico/formador de gelo a altitudes mais elevadas e próximas da área de formação de nuvens. A altitude de elevação resultante e as concentrações de massa ou número de pó podem ser optimizadas utilizando as equações analíticas evidentes apresentadas. A distribuição radial da mistura foi analisada dentro da área central do jato, mas o lado turbulento foi excluído. Foram calculados exemplos típicos que indicam que o jato térmico pode elevar as partículas mais pequenas com raios de 10-20 nm a altitudes de formação de nuvens a z~ 1000 m utilizando a potência intermédia do jato térmico que pode ser realizada com a técnica proposta e descrita. De acordo com os cálculos apresentados, as concentrações de partículas em jactos térmicos artificiais podem ser recebidas de forma igual às das nuvens naturais, 70 - 290 cm^{-3} , em altitudes de formação de nuvens e na maior área da secção transversal dentro do jato aquecido. Várias fórmulas analíticas para medições de radar dos principais parâmetros da nuvem são descritas um pouco.

III. Reforço da precipitação no interior das nuvens naturais com a ajuda da acústica

III.1. Antecedentes, caraterísticas e vantagens da acústica para o aumento da precipitação

O impacto acústico é usado aqui para a colisão de gotículas, coagulação, aumento do tamanho, queda por gravitação e aumento da precipitação do resultado. Parcialmente o resultado da parte III foi descrito nos trabalhos do autor [19-25]. O tamanho das gotículas das nuvens não precipitantes é geralmente demasiado pequeno para a queda gravitacional, mas as gotículas que já se formaram dentro da nuvem estável têm raios de $r = 1 - 10$ microns. No interior do campo acústico, as gotículas podem tornar-se maiores devido às colisões, e a integração proporcionou a sua sedimentação adicional sob as forças gravitacionais. Assim, o principal uso da acústica é adicionar movimento extra às gotículas com amplitude que é suficientemente grande para quaisquer colisões no conjunto de gotículas; após o início do processo, ele é asseverado [18].

A vantagem do método acústico de baixa frequência baseia-se na pequena atenuação dos sinais de baixa frequência na atmosfera, que podem atingir vários quilómetros na atmosfera sem perdas. Esta é uma propriedade fundamental e uma grande conquista do método de baixa frequência proposto para as nuvens. A atenuação na *direção z* de uma fonte acústica é determinada pela sua potência e frequência e depende também das propriedades da atmosfera [107 - 109]. A pressão sonora inicial P_0 após a propagação de uma onda sonora plana diminui exponencialmente devido à absorção do sinal na atmosfera a uma distância z até ao valor P_1 *(z)*:

$$P_1(z) \approx P_0 \exp(-\alpha z)$$

(III.1)

Onde α é o coeficiente de atenuação medido em km^{-1}, depende da frequência sonora f, da humidade relativa, da temperatura, T, da pressão atmosférica, P_0 e das propriedades fundamentais dos gases atmosféricos. A atenuação em condições secas é função das frequências de relaxação das moléculas de azoto, f_{rN} , e de oxigénio, f_{rO} , sendo estas fracções molares iguais a 0,78 e 0,21 ao nível do mar, respetivamente. Considerando os factores acima referidos, as fórmulas detalhadas para α [107] podem ser obtidas através de cálculos numéricos no artigo [25]. Com base nestes dados, a Figura III.1 indica os cálculos do incremento de atenuação sonora, P_1 $(z)/P_0$ com a distância, z, para diferentes frequências, f, estes dados correspondem à temperatura do ar $T = +30°$ C, pressão normal P_0 =101,325 kPa, humidade do ar de 30%, todos tomados como exemplo. O gráfico indica que um sinal de frequência mais elevada aumenta a atenuação do som a f = 50 Hz e, nas condições atmosféricas acima mencionadas, o coeficiente de atenuação do som é de cerca de α = 9,39× 10^{-2} dB/km≈ 0,0108 km^{-1} ; de acordo com a equação (III.1), o resto da potência acústica é de cerca de P_1 $(z)/P$ $_0$≈ 97%, 95%, 93% à altitude da nuvem z = 3, 5, 7 km, respetivamente. O coeficiente da tabela muda pouco para o valor α = 7.77× 10^{-2} dB/km para 100% de humidade e temperatura 0° C na atmosfera sobre o ponto de orvalho, isto não faz mudanças significativas na atenuação do sinal indicado [107 - 108]. Para além dos factores acima referidos, uma pequena atenuação indica a redução da frequência do som a afetar as nuvens naturais a partir do solo. Outro exemplo corresponde aos valores medidos no interior de um nevoeiro ou de uma nuvem com um teor de água líquida de cerca de LWC = 2 g/m^3 , em que o coeficiente de atenuação é de cerca de α = 0,001 m^{-1} a f = 112 Hz [26(c)], pelo que a energia acústica residual será $P(z)$ = 37% ou 5% após a propagação do som no interior destas nuvens/nevoeiro a uma distância de 1 ou 3 km. Para comparar a eficácia dos métodos acústicos com o método glaciogénico, que utiliza partículas sólidas de CO_2 com diâmetros de 5 a 10 mm, as partículas podem propagar-se apenas a uma curta distância de cerca de 0,1 km antes da evaporação e do desaparecimento do efeito. Ao mesmo tempo, os artigos indicam [7-9, 16-17] que as partículas glaciogénicas mencionadas proporcionam uma reorganização das nuvens suficiente para obter um melhor efeito no aumento da precipitação. Os factos mencionados provam uma maior eficiência potencial e uma longa distância para a operação do sinal acústico dentro das nuvens.

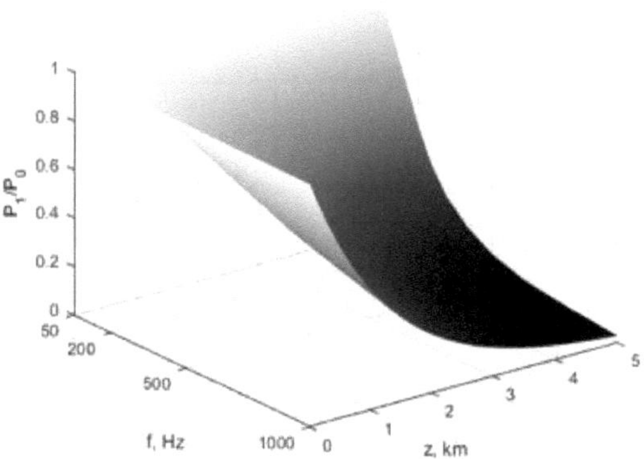

Figura III.1. Atenuação acústica P_1 *(z)/P_0* durante a propagação do sinal a z = 0-5 km na atmosfera (T = +30° C, pressão P_0 =101,325 kPa e humidade do ar de 30%), frequências f = 50 - 1000 Hz.

Um argumento adicional é o facto de as variações da pressão acústica se propagarem imediatamente devido à elevada velocidade do som C_s = 330 m / s. Uma vez que a velocidade do vento atmosférico e o movimento do ar no interior de uma célula turbulenta é tão pequena como $V_a \leq$ 10 m/s, a eficiência do método acústico é cerca de 30 vezes mais rápida em comparação com a influência do vento $C/V_{sa} \approx$ 33. Além disso, as vibrações do ar induzidas pela acústica movem-se rapidamente dentro de um fluxo turbulento de rotação lenta e este método pode ser aplicado durante a turbulência e pode atuar dentro da célula turbulenta. A explicação é que a distância típica entre as gotículas na nuvem é de cerca de $Y_{cl} \sim N^{-1/3} \sim$ 1 mm, em que a concentração de gotículas é N. Assim, o som afectará a distância entre as nuvens vizinhas num curto espaço de tempo $Y/C_{cls} \approx$ 3 micro segundos, e a célula turbulenta deslocar-se-á para uma distância menor $t V x_a$ = 30 microns, porque 1mm >> 30 microns com um desempenho rápido da influência acústica.

Nos artigos [18, 20] são apresentadas algumas revisões de estudos anteriores sobre experiências acústicas em nevoeiros. Em estudos anteriores, foi considerada uma purificação baseada na acústica de aerossóis industriais, e a maioria dos aerossóis industriais foi purificada com sucesso com uma eficiência de 99%. A remoção muito rápida de aerossóis era o requisito dominante para este tipo de equipamento em tubos industriais para evitar que o poluente fosse para a atmosfera. É por esta razão que os dispositivos acústicos industriais utilizam frequências elevadas, geralmente f = 5 - 30 kHz, para obter o engrossamento e a deposição gravitacional do aerossol numa pequena área dentro do tubo da fábrica, onde o filtro acústico foi colocado para funcionar. Para as nuvens, a desvantagem do método acústico conhecido com frequência kH é a amplitude demasiado pequena durante a vibração, de tal modo que é impossível que as gotas vizinhas se alcancem e toquem umas nas outras. A existência de um efeito não linear no campo acústico com movimento unidirecional, a deriva, exige o aumento da intensidade acústica aplicada até valores muito elevados I_s > 170 dB [19]. A kH-acústica deve ativar os efeitos não lineares para obter um movimento unidirecional longo (deriva), de partículas ou gotículas em direção à fonte sonora, o que é possível com uma potência acústica elevada. Uma potência acústica elevada exige um aumento das dimensões e da potência do gerador acústico, o que constitui um problema técnico. Este problema pode ser evitado através do tratamento acústico de baixa frequência na atmosfera, uma vez que o tempo de exposição da nuvem pode ser tão longo quanto necessário. A redução da frequência acústica e a adequação da potência necessária são possíveis, porque esta fonte é fácil de fabricar e utilizar. Além disso, a redução do peso e do tamanho do gerador acústico, juntamente com sistemas de bombagem adequados, é desejável para a implementação prática no terreno. Atualmente, devido ao desenvolvimento das capacidades da aviação moderna, o impacto acústico nas nuvens parece ser um método muito prático e fácil de implementar. É possível colocar fontes sonoras diretamente nas nuvens utilizando helicópteros, balões, drones, para-quedas, etc., ver Figura III.2. Se a fonte acústica for colocada em funcionamento diretamente nas nuvens durante um período de tempo ideal, 1 a 10 minutos, a sua aplicação torna-se muito mais eficaz e o nível de intensidade sonora pode ser reduzido significativamente I_s << 100 dB. Note-se que a relação da intensidade em dB e W/cm^2 é a seguinte: I_s [dB] =10log$_{10}$ (I/I_0), em que I_0

$= 10^{-12}$ W/m^2 . Outra variante de cálculo é $I_s\left[W/m^2\right] = 10^{dB/10-12}$, por exemplo, $I_s =$ 10^{-2} W/cm^2 = 100 W/m^2 = 140 dB. Assim, as dimensões do gerador de som podem ser reduzidas significativamente em comparação com os dispositivos baseados em terra. Esta é também uma grande vantagem do método acústico. Atualmente, a utilização popular de reagentes químicos nas nuvens é acompanhada pelo seu consumo irrecuperável, e alguns reagentes são caros. Um instrumento acústico pode funcionar nas nuvens durante horas sem consumo de reagentes, o que também é uma vantagem. Além disso, os sinais acústicos não poluem a atmosfera, ao contrário de vários reagentes químicos.

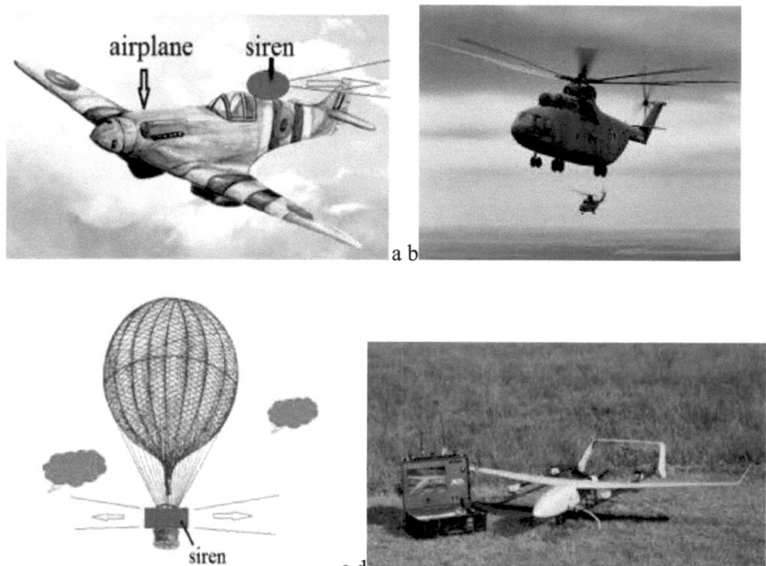

Figura III.2. Opções disponíveis para colocar o gerador acústico diretamente no interior das nuvens.

Para começar com a otimização acústica, é necessário determinar as amplitudes de vibração óptimas para as gotículas de nuvens no campo acústico. Quando duas gotas se aproximam a uma distância próxima da captura, fundem-se necessariamente de acordo com o princípio da redução da energia livre sumária após a sua coalescência numa só gota [31]. O modelo de vibração para colisões e fusão de gotículas suspensas numa nuvem é analisado, e as fórmulas e cálculos típicos são apresentados abaixo para estimar a potência acústica mínima necessária, a frequência óptima e o tempo de duração para o aumento da precipitação. Além disso, a potência acústica e as amplitudes de vibração do conjunto de gotículas estão associadas às propriedades básicas de uma nuvem natural típica, como o teor de água líquida (LWC), as concentrações de gotículas N e o tamanho médio do raio r_0 . Para a análise, consideramos o conjunto de gotículas com distribuição de tamanho lognormal ou gama na nuvem e aproximação de Marshal-Palmer na chuva ou chuvisco. Atualmente, os principais parâmetros das nuvens, LWC, N ou r_0 , são medidos e foram incluídos nesta análise para otimizar os parâmetros acústicos. Para medir estes parâmetros nas nuvens, foi desenvolvida uma série de instrumentos e métodos modernos, incluindo dados de instrumentos meteorológicos terrestres e de satélite [92-103]. Um método comum para medir os parâmetros mencionados é o sinal de radar refletido da nuvem, recalculando posteriormente o valor desejado com base em dispositivos, métodos e algoritmos modernos [104-106]. Outros parâmetros importantes das nuvens são a concentração, N, de gotículas numa unidade de volume, o raio efetivo das gotículas e a distribuição destas gotículas por raios, $n(r)$, na nuvem.

Aqui propusemos uma série de algoritmos simples para a otimização de parâmetros acústicos para garantir a colisão e a coalescência de conjuntos de gotículas dentro de diferentes tipos de nuvens naturais. As caraterísticas da influência acústica são consideradas para diferentes nuvens naturais típicas; estas são nuvens marinhas ou continentais de forma estrati (St) não precipitadas; nuvens cumulus rasas (Cu) não precipitadas; e nuvens Cu com chuvisco. Para cada tipo de nuvem são indicados os parâmetros acústicos optimizados que devem ser considerados no processo de impacto acústico para o aumento da precipitação. Em todos os casos, a redução da frequência aplicada com base nos cálculos indica uma redução precisa da potência acústica, o que é bastante benéfico para aplicações práticas.

Na última parte são descritos alguns resultados experimentais do novo gerador acústico especial. As experiências utilizam as sirenes acústicas com o ressonador com a forma de Bessel, que garante a seleção e fixação da frequência fundamental desejada no espetro acústico emitido. As caraterísticas principais da sirene modificada são analisadas e medidas, o que indica as suas aplicações prometedoras. A aplicação acústica deve ser feita numa pequena parte do volume das nuvens, tal como os outros métodos, como a pólvora e o fluxo ascendente artificial aquecido. Isto é possível devido ao início da precipitação com os efeitos de arrefecimento dentro de uma pequena parte da nuvem que entra após a reestruturação microfísica num grande volume de toda a nuvem com intensificação adicional da precipitação, o que é provado [7] e observado [17].

III.2. Parâmetros de diferentes nuvens naturais para o impacto acústico

Consideremos vários tipos de nuvens típicas para indicar a seguir os modos óptimos de aplicação de sinais acústicos utilizando as vibrações das gotículas. Fixemos aproximadamente o limite superior do tamanho, a maioria dos autores distingue entre gotículas de nuvem (r < 50μ m) e gotas de chuvisco (r≥ 50μ m), mas este tamanho de gotícula pode aumentar devido ao forte fluxo vertical de ar U , m/s. As gotas de tamanho realmente grande caem e obedecem à igualdade da força de gravitação e da força de resistência do ar: $4\pi r^3 \rho_w g / 3 \approx 0.5 \rho_w U^2 2\pi r^2 C_{drag}$ Existe resistência ao arrastamento para uma gota na mosca C_{drag} = 0,06. Os cálculos mencionados indicam que as gotas com raios r = 150 - 200μ m podem ser suspensas num fluxo ascendente com uma velocidade elevada de cerca de U = 5 m/s que pode ser por vezes.

Os principais parâmetros microfísicos das nuvens são o teor de água líquida, *LWC,* a concentração numérica N em cm^{-3} , o raio efetivo das gotículas r_e , o raio médio das gotículas r_0 , o desvio padrão, σ, do raio médio e o volume da nuvem. Os sinais reflectidos pelo radar ligam os valores medidos aos parâmetros principais da nuvem,

LWC, N, r ,$_e\sigma$, H$_{cl}$ [121-133] etc.

As nuvens St finas, altamente posicionadas e não precipitadas são os objectos mais difíceis de obter o realce da precipitação com a ajuda de equipamento acústico em terra.

As gotículas numa nuvem não são uniformes em tamanho, e estes conjuntos são geralmente descritos matematicamente por uma distribuição lognormal ou gama [31]. Numa nuvem não precipitante com gotículas de pequenas dimensões e baixo teor de água líquida, a seguinte distribuição lognormal é utilizada para descrever a distribuição do número de gotículas nas suas dimensões dentro do conjunto.

$$n_l(r) = \frac{N}{\sqrt{2\pi}\sigma_l r} \exp\left[-\frac{(\ln r - \ln r_0)^2}{2\sigma_l^2} \right]$$

(III.2)

Aqui σ_l é a largura logarítmica da distribuição do tamanho das gotas e r_0 é o raio médio geométrico, $\ln r_0 = \langle \ln r \rangle$. Os efeitos de diferentes distribuições de tamanho de gotas, *n(r)*, dispersão espetral, σ_l e a relação de parametrização entre o conteúdo de água líquida, *LWC*, e a concentração de gotas, *N*, foram analisados, por exemplo em [116], e expressos da seguinte forma:

$$LWC = N\left[(4\pi/3)r_0^3 \rho_w \exp(9\sigma_l^2/2)\right]$$

(III.3)

Vamos supor que as gotículas das nuvens se distribuem dentro de um volume unitário igualmente no espaço. Ao mesmo tempo, os diâmetros das gotículas vizinhas podem ser muito diferentes dentro do conjunto de gotículas da nuvem. Vamos impor um campo acústico a este contínuo de gotículas suspensas na nuvem. A nuvem era estável antes de ser afetada e só sofrerá alterações devido à acústica durante o tempo de várias oscilações acústicas, que são fracções de segundo nas frequências acústicas consideradas. A quantidade de vapor não pode mudar rapidamente num volume de nuvem devido ao facto de a difusão ser um processo muito lento. A distância típica de deslocamento dentro da nuvem para as moléculas de água é pequena, $L_D = (Dt)^{0.5}$ devido ao pequeno valor do coeficiente de difusão, $D \approx 0,25$ cm^2 /seg à temperatura de 25°C. Usando a suposição anterior, a distância inicial entre diferentes gotículas de nuvem pode ser avaliada por $Y_{cl} \sim N^{-1/3}$, e uma distância média de gotículas após a consideração conjunta da fórmula anterior é a seguinte:

$$Y_{cl} \approx N^{-1/3} \approx \left\{ (4\pi/3) r_0^3 \rho_w \exp\left(9\sigma_i^2/2\right) / LWC \right\}^{1/3}$$

(III.4)

A classificação das nuvens no artigo [76] indica que as gotículas nas nuvens marinhas têm concentrações numéricas mais baixas, N, e raios médios maiores, r_0 , em comparação com as nuvens continentais. Para ilustrar este facto, a Figura III.3 representa a distribuição lognormal das gotículas para dois tipos de nuvens. A curva sólida indica a nuvem marinha típica com $LWC = 0,13$ g/m^3 , $N_{macl} = 56$ cm^{-3} , $2r_0 = 14,5\mu$ m,$\sigma =0,29$ que é indicada na posição 8th na Tabela 1 de [76]. O exemplo de uma nuvem continental típica com parâmetros semelhantes $LWC = 0,13$ g/m^3 tem $N_{cocl} = 260$ cm^{-3} , $2r_0 = 8,9\mu$ m,$\sigma =0,27$ que é indicado na posição 10th da Tabela 2 do mesmo revive. Através de medições de dezenas de nuvens em nuvens St, os intervalos típicos de concentração de gotículas são indicados como se segue: $N_{macl} = 74 \pm 45$ cm ,$^{-3}\sigma_{ma} = 0,38 \pm 0,13$, $r0_{,macl} = 6,55 \pm 1,8\mu$ m, $LWC = 0,18 \pm 0,14$ g/m^3 , os resultados são cerca de $L_{macl} \sim N_{macl}^{-1/3} \approx 0,238$ cm com intervalo $N_{macl}^{-1/3} \approx 2,03 \div 3,25$ mm de acordo com a fórmula (III.23). As nuvens continentais têm os seguintes valores médios: $N_{cocl} = 288 \pm 159$ cm ,$^{-3}\sigma_{co} = 0.38 \pm 0.14$, $r0_{,cocl} = 3.85 \pm 1.9\mu$ m, $LWC = 0.19 \pm 0.21$ g/m^3 , resulta em $L_{cocl} \sim N_2^{-1/3} \approx 1.51$ mm$\approx 1.31 \div 2$ mm. O espetro típico de ambas as nuvens mencionadas é apresentado na Figura III.3 como prova.

Além disso, uma grande quantidade de medições de aeronaves efectuadas durante dezenas de voos [117] indica uma dispersão relativa$\sigma = 0,2 - 0,8$ em diferentes locais na China, correspondendo a nuvens limpas, poluídas e marinhas com pequenas emissões de aerossóis antropogénicos (províncias de Qianghai e Hebei, Mar da China

Oriental, região de Pequim). O valor médio é $\sigma = 0,35$, frequentemente utilizado em muitos estudos teóricos.

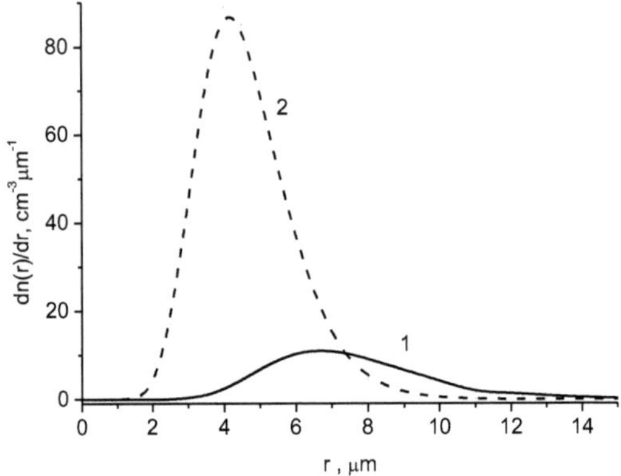

Figura III.3. As distribuições lognormais das gotas para duas nuvens stratus típicas com o mesmo $LWC = 0,13$ g/m^3 ; a curva 1 (sólida) corresponde à nuvem marinha com, $N_{macl} = 56$ cm^{-3} , $Y_{cl} \approx 2.61$ mm $r_0 \approx 7.25$µ m,σ =0.29; curva 2 (tracejada) com $N_{cocl} = 260$ cm^{-3} , $Y_{cl} \approx 1.57$mm, $r_0 \approx 4.45$µ m,σ =0.27 [76].

III.3. As nuvens de Cu.

As principais caraterísticas das nuvens de cúmulos rasos não precipitantes *(Cumulus, Cu)* foram analisadas utilizando alguns resultados de artigos [125-127], por exemplo. As nuvens convectivas são analisadas para este tipo de nuvem com concentrações típicas de gotículas $N \sim 100$ cm^{-3} , a distância entre as gotículas vizinhas aumenta devido ao aumento das gotículas e à sua fusão em nuvens maduras. Para uma nuvem Cu no verão, uma área típica pode ter cerca de vários km de diâmetro e mais de três km de profundidade, com $LWC > 1$-3 g/m^3 . O fluxo ascendente típico tem uma velocidade inicial de~ 1 m/s produzindo condensação a uma altitude de 400 -700 m do topo da nuvem. Esta é a área mais eficaz para o efeito acústico porque as nuvens de gotículas nascem e crescem nesta secção da nuvem. Para obter os números acima mencionados, a simulação em [125] utiliza o sistema de modelação atmosférica regional para nuvens cumulus rasas não precipitantes. Numa fase tardia do seu desenvolvimento, este tipo de nuvem pode produzir precipitação. Além disso, a precipitação chuvosa é produzida por nuvens cumulonimbus, Cb, que podem ter mais *LWC* e volume de nuvem em comparação com Cu. O parâmetro de concentração de gotículas N = 100, 400 ou 1600 cm^{-3} é considerado num trabalho [126-127] para representar a nuvem pura, as nuvens moderadas e as nuvens contaminadas. Normalmente, a seguinte distribuição gama é utilizada para as estatísticas de gotículas para nuvens de Cu:

$$n(d) = \frac{N}{d_n^v \Gamma(v)} d^{v-1} e^{-d/d_n}$$

(III.5)

d é o diâmetro da gota, N é a concentração numérica total dos hidrometeoros, d_n é o diâmetro caraterístico, $\lambda = d_n^{-1}$ é um parâmetro de inclinação, v é um parâmetro de forma e $v = \varepsilon^{-2}$ onde ε é a razão entre o desvio padrão do tamanho da gota da nuvem e o tamanho médio da gota da nuvem. Os espectros típicos das gotículas nas nuvens de Cu são apresentados na figura III.4 e podem ser descritos de acordo com a equação (III.5). Os parâmetros de forma v = 2, 4, 7 ou 14 caracterizam o crescimento da nuvem até à fase chuvosa e depois $v \to 1$. A distribuição gama reduz-se a uma distribuição exponencial em v = 1, com a vantagem de se transformar na distribuição Marshall-Palmer comum para a chuva [129].

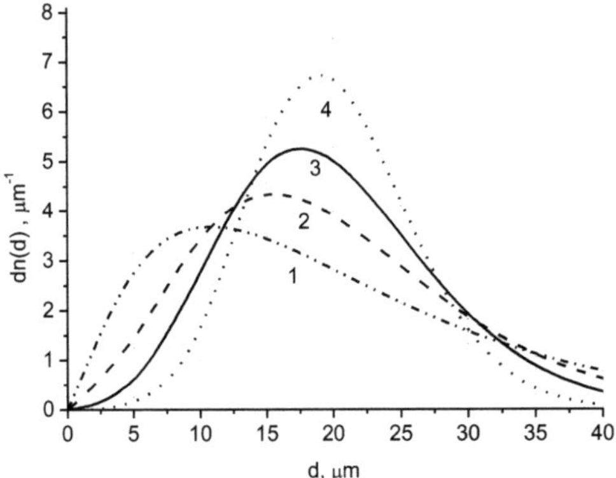

Figura III.4. Distribuição típica de gotículas gama no interior de nuvens cumulus pouco profundas não precipitantes; as curvas 1,2,3 e 4 correspondem ao parâmetro de forma v = 2, 4, 7 e 14, respetivamente, em que d_m = 20µ m, e N = 100 cm^{-3} .

O crescimento da condensação tende a aumentar o parâmetro de forma, enquanto a mistura de nuvens tende a diminuí-lo. O d_m é o diâmetro médio das gotículas, e as transformações para d_n e para o tamanho efetivo das gotículas, d_e , são as seguintes: ; $d_n = d_m / v$ $d_e = d_n (v + 2)$. Como mencionado acima, as concentrações de gotículas dentro da nuvem foram consideradas nas seguintes faixas N = 100 - 1600 cm^{-3} [76, 90-91]. Assim, a distância entre gotículas vizinhas é $Y_{cl} \sim N^{-1/3}$ cm, existem:

$Y_{cl} \approx 0,855 \div 2,15$ mm.

Obviamente, duas gotas vizinhas no meio do espetro requerem a maior energia para fornecer esta distância adicional Y_{cl} .

III.4. Otimização do impacto acústico no interior de nuvens com chuvisco.

As nuvens convectivas com precipitação têm um raio típico de gotículas r > 25-200 µm. As principais caraterísticas das nuvens com chuvisco são determinadas através de medições de radar [129-133], os dados são utilizados aqui abaixo: as concentrações de gotículas na fase inicial em fracções de nuvens/chuviscos são $N_{clDr} > 500$ cm^{-3} tipicamente, e as fracções de conteúdo de água líquida em nuvens/chuviscos são indicadas sobre a $LWC_{clDr} \sim$ 1 - 3 g/m^3 . A distribuição Marshall-Palmer [129] descreve normalmente as estatísticas da distribuição do tamanho das gotículas dentro da fração de chuvisco ou chuva.

$$n_{MP}(d) = N_0 \exp(-\Lambda d)$$

(III.6)

$$\Lambda = 41 \times I^{-0.21}$$

Existem os parâmetros $N_0 = 0,08$ cm $,^{-4}\Lambda = 41$ I$\times^{-0.21}$, sendo I a precipitação no solo em milímetros por hora. A distribuição típica de Marshall-Palmer, $n(d)$, é indicada na Figura III.5 para séries de velocidade de chuva $I = 1$, 10 ou 30 mm/h nas curvas 1, 2 ou 3, respetivamente.

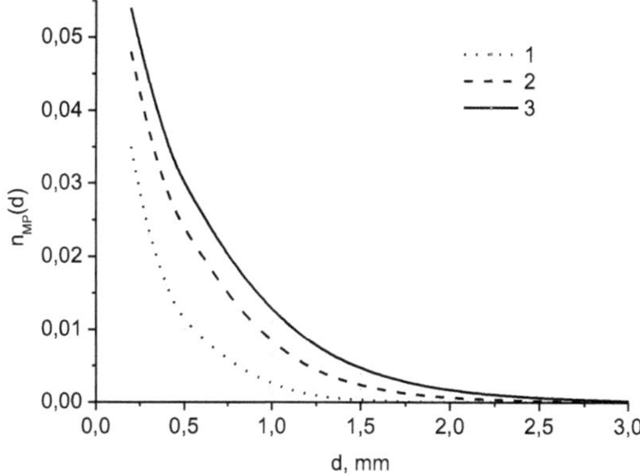

Figura III.5. A distribuição de Marshall-Palmer, *n(d)*, depende dos diâmetros das gotas durante a chuva com uma espessura de água no solo para a hora $I = 1$, 10 ou 30 mm/h nas curvas 1, 2 ou 3, respetivamente.

Consideremos uma nuvem mista nas fases iniciais da precipitação, mas também com uma grande quantidade de *LWC* nas gotas da nuvem. É óbvio que o impacto acústico nas gotas de chuva é ineficaz e impraticável devido ao deslocamento insignificante de gotas de água grandes e pesadas. Mas o impacto na fração de gotículas dentro da mesma área de nuvem durante o tempo de chuvisco inicial é recomendado para a sua colisão, alargamento e transição para o estado de precipitação.

Para avaliar uma potência acústica óptima de impacto nas nuvens na fase inicial da precipitação, estas duas fases devem ser analisadas. Considere-se o conteúdo de água líquida, *LWC,* no interior deste tipo de nuvens através da soma de duas fracções de água no chuvisco ou no interior das gotículas das nuvens, LWC_{MP} ou LWC_{cl} em g/m^3 como se segue:

$$LWC = LWC_{MP} + LWC_{cl}$$

(III.7)

A massa de água, M_{gr} , numa superfície quadrada $S_1 = 1$ m^2 num solo, devido a uma chuva com intensidade $I = 1 \div 3$ mm/h durante o tempo t , é a seguinte

$$M_{gr} \approx \rho_w \times S \, I \, t_1 \times x_{ob}$$

(III.8)

Por exemplo, a massa de água em $S_1 = 1$ m^2 num solo é cerca de $M_{gr} \approx 0,5 \div 1,5$ g durante o tempo de observação, por exemplo, $t_{ob} = 30$ min. O comprimento da zona de precipitação numa nuvem pode ser, por exemplo, $H_{MP} \approx 100$ m. Suponha que toda a precipitação que caiu no solo foi uniformemente distribuída ao longo da extensão vertical desta zona de nuvens antes de formar uma camada de espessura $I \, t \times_{ob}$ no solo. O teor de água das gotas de chuva dentro da unidade de volume de ar na nuvem pode ser avaliado aproximadamente de acordo com a equação anterior (III.8) da seguinte forma

$$LWC_{MP} \approx \frac{\rho_w I}{H_{MP}} t_{ob}$$

(III.9)

As avaliações resultantes de acordo com a equação (III.9) indicam $LWC_{MP} \approx 0.005 \div$ 0.015 g/m^3 com o exemplo mencionado da altura de precipitação da nuvem $H_{MP} \approx 100$ m e intensidade da chuva $I = 1 \div 3$ mm/h, o tempo de observação é $t_{ob} = 0.5$ hora. As equações (III.6-8) deduzem que o conteúdo de água líquida nas fracções de chuvisco ou nuvem deve seguir a seguinte relação, $LWC_{MP} << LWC_{cl}$, para obter um impacto acústico efetivo. Assim, a nuvem de chuva mencionada perdeu uma pequena quantidade de água durante os primeiros minutos t_{ob} na fase inicial da chuva. O impacto acústico pode ser eficaz e deve ser aplicado de acordo com a consideração acima durante os primeiros estágios de precipitação, então a fração de nuvem de LWC é grande o suficiente, após o início da garoa até o esgotamento da nuvem LWC. Normalmente, a precipitação não remove todo o fornecimento de água da nuvem [7-11]. No entanto, sabe-se que uma nuvem natural não perde toda a LWC da nuvem durante a chuva natural, mas apenas cerca de 30%, pelo que é aconselhável utilizar uma estimulação acústica adicional dentro da fração da nuvem para estimular a precipitação adicional. Note-se que o tempo e a intensidade da chuva I podem aumentar rapidamente, o que pode reduzir o efeito da aplicação da influência acústica na nuvem chuvosa após este momento. O efeito do impacto acústico de baixa frequência na nuvem durante a precipitação foi demonstrado experimentalmente por Wei et.al, [21]. É mais fiável para o par de gotas do espetro nas Figuras III.3-5, no início e no fim do espetro, assim para as gotas maiores e mais pequenas, porque a primeira tem a maior amplitude para apanhar as gotas maiores que têm pequenas amplitudes de vibração insignificantes dentro do campo acústico aplicado nas nuvens.

III.5. Equipamento acústico e experiências

Recentemente, foi construído um gerador acústico especial para produzir um feixe acústico que é dirigido verticalmente para o céu a partir de um sino ressonador metálico situado com a parte larga para cima. O sino tem 3,4 m de diâmetro e 2 metros de altura.

O princípio de funcionamento do dispositivo baseia-se no impacto periódico do ar comprimido nas paredes da campainha, o que é conseguido através da rotação interna da parte da sirene com uma libertação periódica de ar comprimido. A frequência do impacto deve coincidir com a frequência de ressonância da campainha para obter um som forte e ressonante. O início de uma precipitação com efeitos de arrefecimento dentro de uma pequena parte da nuvem leva à reestruturação microfísica num grande volume de toda a nuvem com intensificação extensiva da precipitação.

A potência acústica de saída foi atingida em experiências tão elevadas como I_s = 140 dB (100 W/m^2) a uma frequência de f = 50 Hz e a potência I_s = 135,2 dB ($33,1$ W/m^2) a f = 160 Hz. A utilização do método acústico de baixa frequência com o dispositivo mencionado proporcionou um aumento da precipitação observado durante uma série de experiências [21].

É apresentada e descrita uma série de gráficos típicos com sinal acústico do ressonador de forma de Bessel da sirene; as experiências foram preparadas e realizadas em experiências na Universidade de Tsinghua em Pequim e nas Universidades de Qinghai em Xining, China, durante setembro-outubro de 2020. O local experimental está localizado na base de testes do Norte do Laboratório Chave do Estado da Universidade de Qinghai (N 36°43'35.10", E 101°44'36.26" alt. 2300m).

Figura III.6a. Área de localização do equipamento na Universidade de Qinghai, China.

A descrição do ambiente durante as experiências acústicas foi fixada para cada experiência com a temperatura e a humidade do ar para controlar o espetro de frequências. Note-se que a acústica pode ser aplicada numa pequena parte de todo o volume da nuvem, como acontece normalmente com os métodos de pós ou jactos térmicos. O quadrado do feixe acústico calculado aqui a uma altitude de 1 km é bastante grande em comparação com outros métodos, o que prova uma eficiência análoga para a reestruturação e precipitação que começa perto da área irradiada e em toda a nuvem após 20 - 30 minutos. O equipamento de teste inclui várias partes que são mostradas abaixo. A parte 1st é um sino ressonante em forma de Bessel, ver Figura

I.1a.

Figura III.6b. Compressor de ar, deslocamento 9,2 m³ /min, pressão de escape 0,8 Mpa.

Figura III.6c. O depósito de gás

Figura III6.d. Manómetro no trajeto próximo do reservatório

Figura III.6e. Caixa de controlo elétrico（50Hz/1440r/min, a precisão de ajuste é de cerca de 0,01Hz）

Figura III.6f. O rotor de ar Sire (seis aberturas) na parte inferior do ressonador do sino de Bessel.

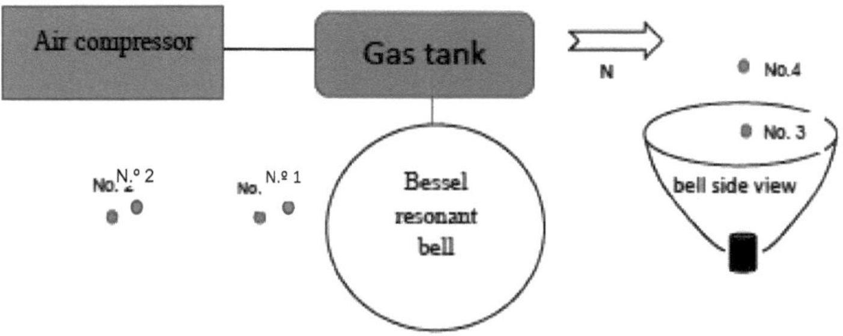

Figura III.6g. Esquema da zona experimental com indicação da posição relativa da sirene e da campainha ressonante de Bessel. Os pontos n.º 1 - 4 indicam as posições dos sensores de pressão para medir os sinais apresentados abaixo num gráfico.

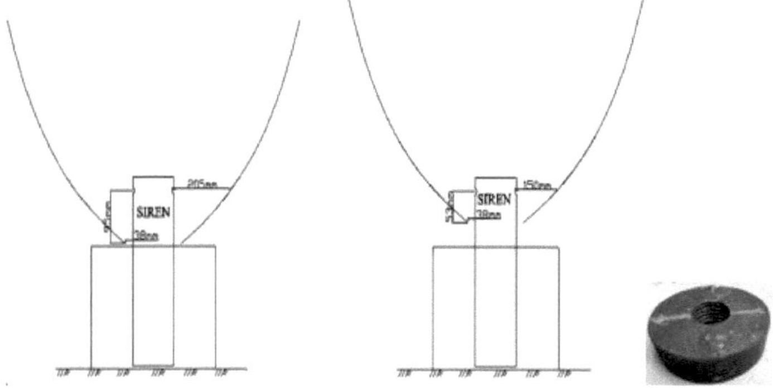

Figura III.6h. Esquema de localização da sirene e da campainha; a figura da esquerda é sem almofada de borracha, a figura da direita com uma almofada de borracha de 42 mm de altura que é apresentada na fotografia adicional. A série de tapetes de borracha por baixo da buzina permite uma filtragem muito eficaz do ruído do solo.

O início do procedimento de funcionamento tem 4 passos que são descritos abaixo.

Figura III.7. Posições dos sensores de pressão durante as experiências: (a) campânula ressonante em forma de Bessel com sensor de pressão a 1m de lado (assinalado com um círculo); (b) campânula ressonante com 5m de lado; (c) sensor à saída da campânula ressonante: (d) saída a 1m.

As sondas de pressão do medidor de forma de onda estão dispostas nos pontos 1, 2, 3 e 4, respetivamente, como se pode ver nas fotos da Figura III.7. Os pontos 1 e 2 estão dispostos a 1m e 5m de distância do lado da campainha ressonante. O ponto 3 está diretamente acima da saída e o ponto 4 está disposto 1m mais alto;

Principais momentos de trabalho: 1) Fechar/desligar a válvula de saída do depósito de gás, depois abrir/ligar o compressor de ar para encher o depósito até 0,58 mpa, fechar o compressor de ar e fechar a válvula de entrada do depósito de armazenamento de ar; 2) Abrir a sirene, testar duas vezes para cada ponto para obter dois grupos de dados da experiência, ajustar a sirene para a frequência projectada; 3) Ligar o oscilógrafo e começar a medir os gráficos seguintes.

III.6 Resultados experimentais com a sirene acústica optimizada

Os resultados das uvas experimentais são apresentados nas Figuras III.8 - 15 abaixo.

As figuras III.8 -11 indicam as medições do espetro de resposta da campainha e, em seguida, a parte da sirene do rotor fornece sons de ar à campainha com uma frequência excitada a cerca de $f\approx$ 88Hz; as figuras III.12-15 indicam as medições do espetro de resposta da campainha e, em seguida, a parte da sirene do rotor fornece sons de ar à campainha com uma frequência excitada a cerca de f = 39 Hz

A primeira série de gráficos medidos.

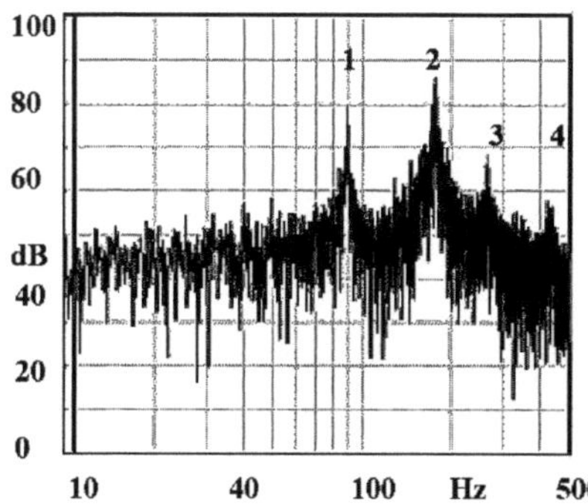

Figura III.8a. O espetro de frequência dos sinais de saída da sirene é medido a uma distância de 1m da campainha ressonante, a frequência da sirene foi excitada a f = 87Hz. A posição da campainha é diretamente no chão. As caraterísticas dos picos são: 1- Is = 79,5 dB em f = 89,1 Hz; 2 - Is = 85,8 dB em f = 178,5 Hz; 3 - Is = 68 dB em f = 266,2 Hz e; 4 - Is = 57,5 dB em f = 428,3 Hz.

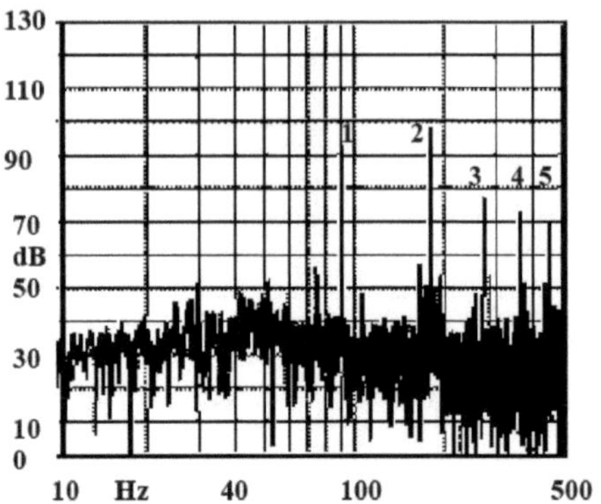

Figura III.8b. As medições são efectuadas a uma distância de cerca de 1 m da campainha ressonante, a frequência da sirene foi excitada a f = 87 Hz, a localização da campainha é sobre um tapete de borracha de 42 mm de altura, sob os suportes da sirene em que a campainha está suspensa. A posição da campainha é diretamente sobre o solo. As caraterísticas do pico são: 1- Is = 92,3 dB em f = 90,4 Hz; 2 - Is = 97,8 dB em f = 180,9 Hz; 3 - Is = 77,1 dB em f = 171,3 Hz e; 4 - Is = 73,1 dB em f = 361,7 Hz; 5 - Is =69,3 dB em f = 452,2 H

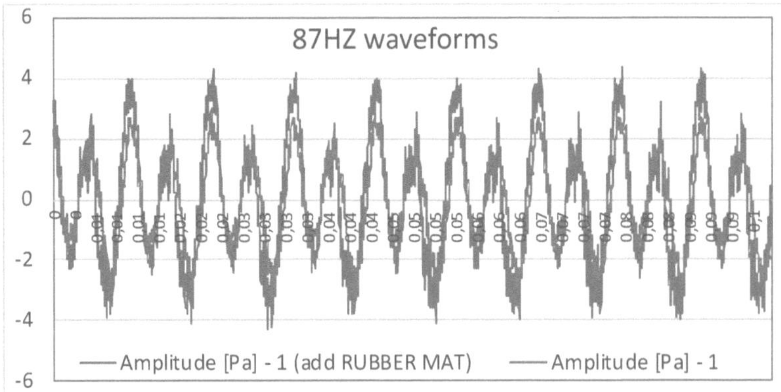

Figura III.8c. Comparações das amplitudes dos sinais das formas de onda em Pa dos dois gráficos anteriores, em III.8a-b, depois da frequência da sirene ter sido excitada a f = 87Hz. A curva superior indica uma amplitude de sinal mais elevada (b) após a seleção do espetro para um ressonador de campainha de sirene com suportes de

108

borracha.

Os sinais foram medidos por um sensor a uma distância de 5 m do sino ressonante, a frequência da onda sonora foi iniciada pela frequência $f \approx 87$ Hz.

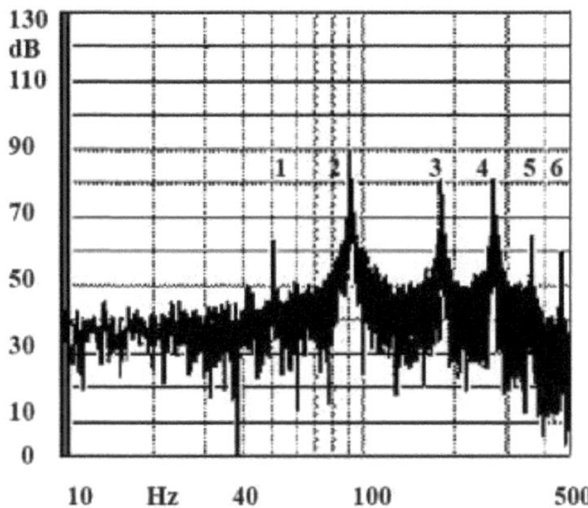

Figura III.9a. As medições são feitas a uma distância de cerca de 5 m da campainha ressonante, a frequência da sirene foi excitada com f = 87Hz; a campainha está diretamente no chão: 1- Is = 62,4 dB em f = 50,1 Hz; 2 - Is = 89,2 dB em f = 90,6 Hz; 3 - Is = 80,9 dB em f = 181,1 Hz e; 4 - Is = 81,1 dB em f = 271,5 Hz; 5 - Is =64,4 dB em f = 361,8 Hz; 6 - Is =59,5 dB em f = 452,2 Hz.

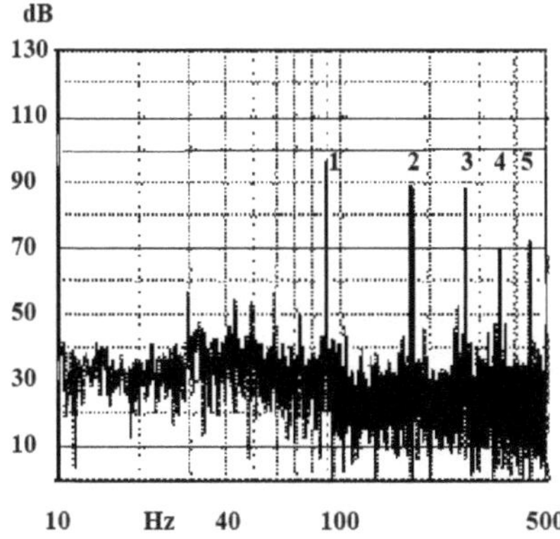

Figura III.9b. As medições são efectuadas a uma distância de cerca de 5 m da campainha ressonante, a frequência da sirene foi excitada a $f = 87$Hz, a caraterística é o Settled/Set sobre um tapete de borracha de 42mm de altura sob os suportes da sirene em que a campainha está suspensa. As caraterísticas de pico são: 1- Is = 96,9 dB em f = 88,8 Hz; 2 - Is = 88,5 dB em f = 177,6 Hz; 3 - Is = 88,2 dB em f = 266,4 Hz e; 4 - Is = 70,0 dB em f = 355,2 Hz; 5 - Is = 71,8 dB em f = 144,1,8 Hz.

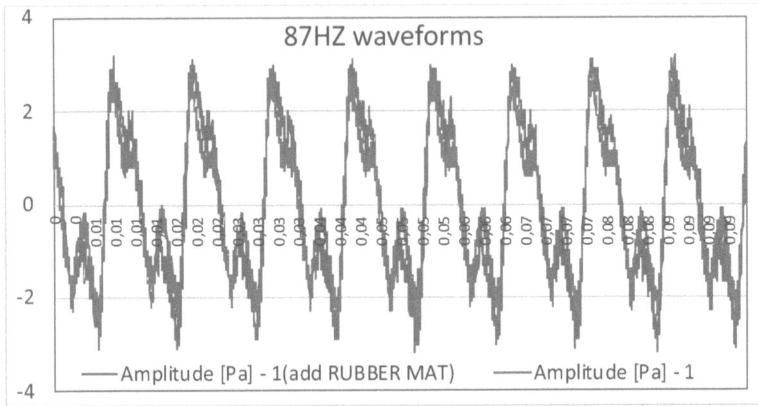

Figura III.9c. As amplitudes das medidas dos 2 gráficos anteriores (III.9a-b) e a sua comparação; a curva superior corresponde ao sinal espetral selecionado da sirene em III.9b.

O ponto seguinte do procedimento de medição. Os sinais foram medidos pelo sensor diretamente acima da campainha, a frequência da onda sonora foi iniciada pela frequência $f = 87$ Hz.

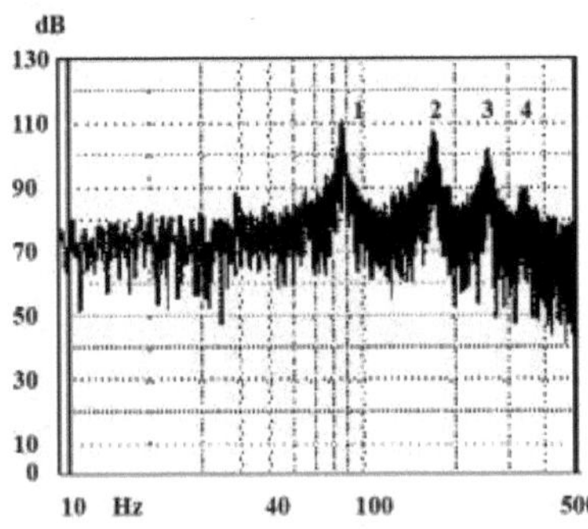

Figura III.10a. As medições são feitas diretamente acima da campainha, a frequência

110

da sirene foi excitada com a frequência f = 87Hz; o ressonador da campainha está no solo. As caraterísticas de pico são: 1- Is = 111,1 dB a f = 86,5 Hz; 2 - Is = 106,9 dB a f = 172,5 Hz e; 3 - Is = 101,6 dB a f = 256,7 Hz; 4 - Is =89,5 dB a f = 344,6 Hz.

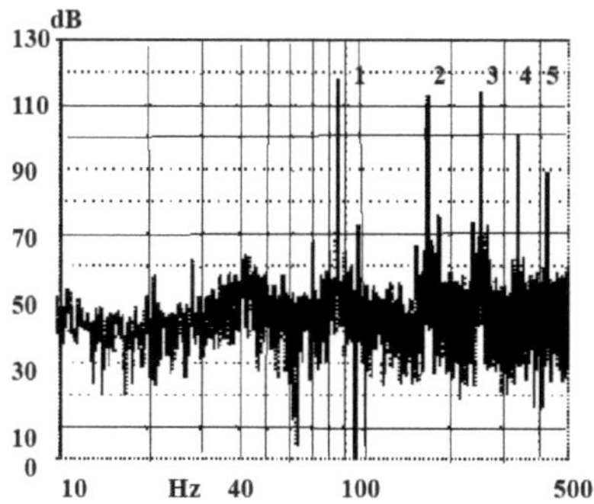

Figura III.10b. As medições são feitas diretamente acima da campainha, a frequência da sirene foi excitada a f = 87Hz, a caraterística é o Settled/Set num tapete de borracha de 42mm de altura sob os suportes da sirene em que a campainha está suspensa. As caraterísticas de pico são: 1- Is = 118,3 dB a f = 87,2 Hz; 2 - Is = 114,1 dB a f = 174,4 Hz; 3 - Is = 113,1 dB a f = 261,6 Hz; 4 - Is =99,8 dB a f = 348,8 Hz; 5 - Is = 88,2 dB a f = 436,1 Hz.

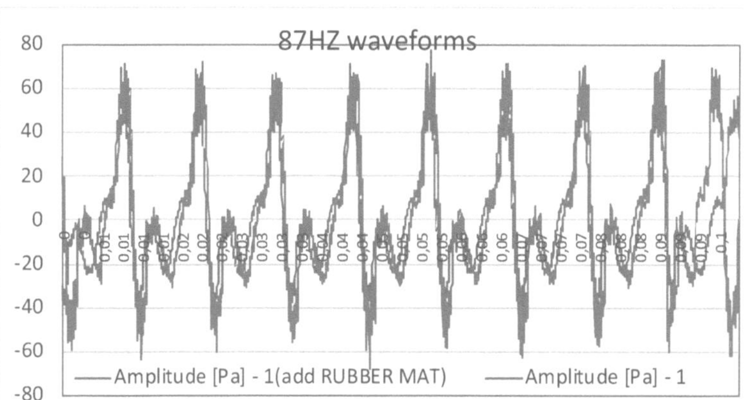

Figura III.10c. Comparação dos dois sinais anteriores (a-b), com ou sem ruídos do solo, a frequência da sirene foi excitada a f = 87 Hz. A curva superior indica uma maior amplitude do sinal (b) após a seleção do espetro para uma sirene.

A série dos próximos gráficos medidos. A medição foi efectuada a uma altura de 1m acima da saída da campainha ressonante, a frequência do som = 87 Hz.

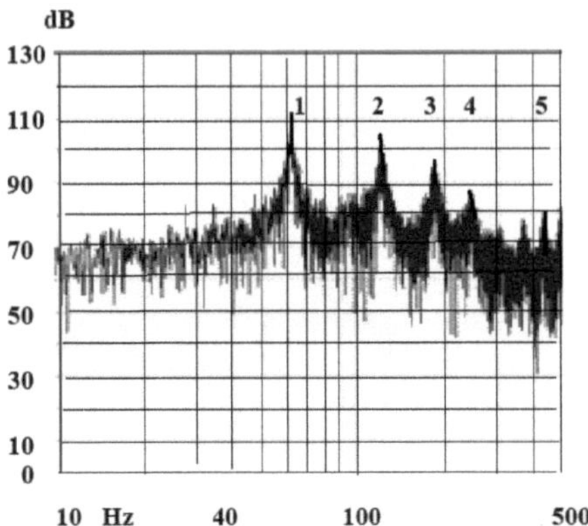

Figura III.11a. As medições a 1 m acima da campainha, a frequência da sirene foi excitada com a frequência f = 87 Hz. A campainha está assente no solo. As caraterísticas de pico são: 1- Is = 111,8 dB a f = 52,1 Hz; 2 - Is = 104,8 dB a f = 123,9 Hz; 3 - Is = 96,2 dB a f = 186 Hz e; 4 - Is = 86,4 dB a f = 242,4 Hz; 5 - Is =82,1 dB a f = 479,8 Hz.

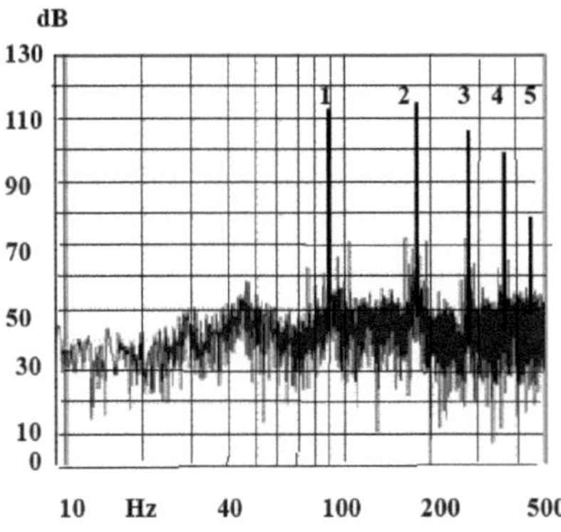

Figura III.11b. As medições são efectuadas a uma altura de 1 m da campainha ressonante, a frequência da sirene foi excitada a f = 87Hz, a caraterística é o Settled/Set sobre um tapete de borracha de 42mm de altura sob os suportes da sirene nos quais a campainha está suspensa. As caraterísticas de pico são: 1- Is = 117,4 dB em f = 90,4

Hz; 2 - Is = 115,2 dB em f = 180,8 Hz; 3 - Is = 105 dB em f = 271,2 Hz e; 4 - Is = 99,4 dB em f = 361,6 Hz; 5 - Is =78,3 dB em f = 452,1 Hz.

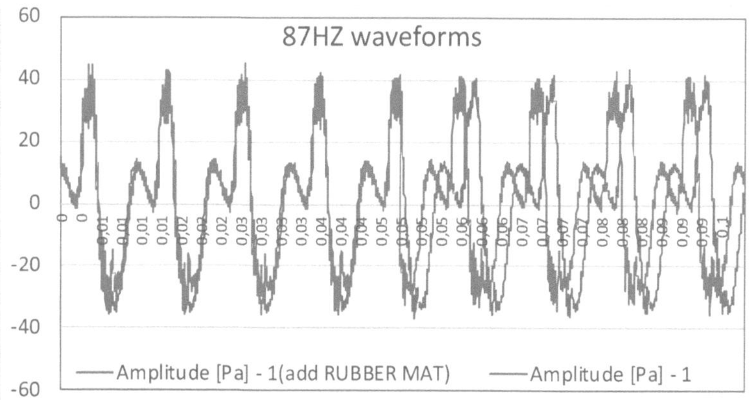

Figura III.11c. Comparação dos dois sinais anteriores (a-b), com ou sem ruídos do solo, a frequência da sirene foi excitada a f = 87 Hz.

As experiências seguintes correspondem à medição com a frequência de excitação do som □_41,3 Hz na parte girada da sirene. A distância de medição é de 5 m da campainha ressonante. A frequência dos sopros na campainha dos jactos de ar da sirene rotativa foi fixada em f = 41,27 Hz

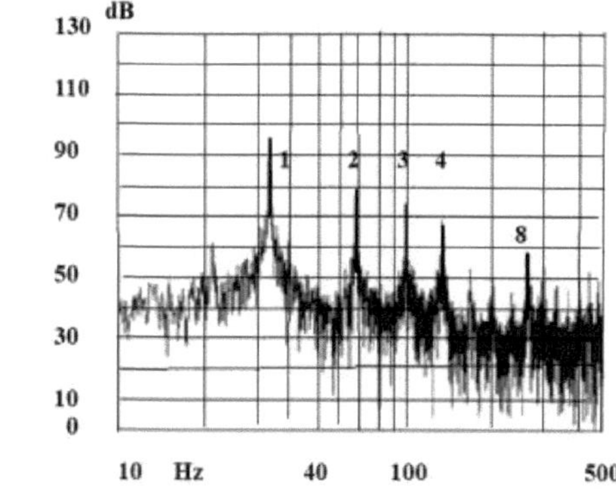

Figura III.12a. Gráfico experimental do sinal acústico de saída. A campainha está no

113

chão. As caraterísticas de pico são: 1- $Is = 94,7$ dB em $f = 33,4$ Hz; 2 - $Is = 78,3$ dB em $f = 66,7$ Hz; 3 - $Is = 73,7$ dB em $f = 100,1$ Hz e; 4 - $Is = 68,9$ dB em $f = 133,4$ Hz; 8 - $Is = 57,2$ dB em $f = 266,3$ Hz.

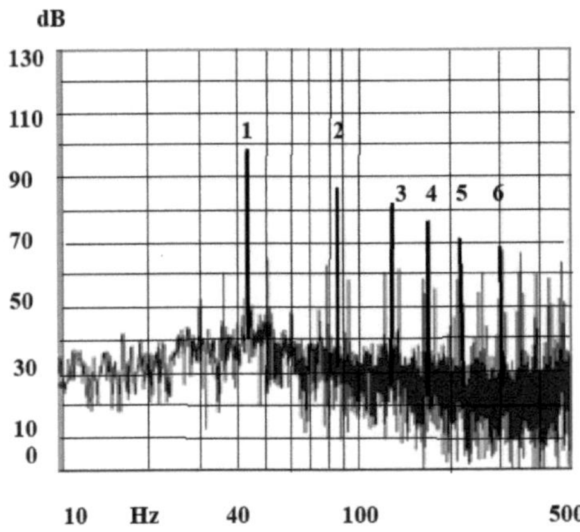

Figura III.12b. Gráfico experimental do sinal acústico de saída. A campânula acústica está sobre um tapete de borracha de 42 mm. As caraterísticas de pico são: 1- Is = 98,6 dB em f = 42,9 Hz; 2 - Is = 86,5 dB em f = 85,7 Hz; 3 - Is = 81,8 dB em f = 128,6 Hz e; 4 - Is = 76,9 dB em f = 171,4 Hz; 5 - Is =71,3 dB em f = 214,3 Hz; 6 - Is =67,5 dB em f = 300 Hz.

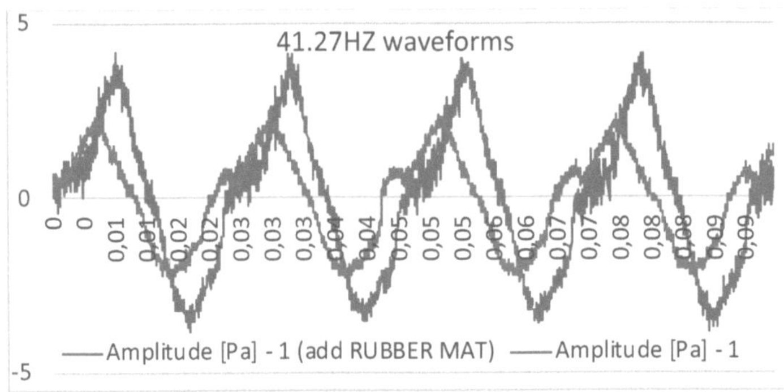

Figura III.12c. Gráfico experimental do sinal acústico de saída, comparação de formas de onda

Próximos gráficos. Medições à distância de 5 m de altura sob a campânula ressonante

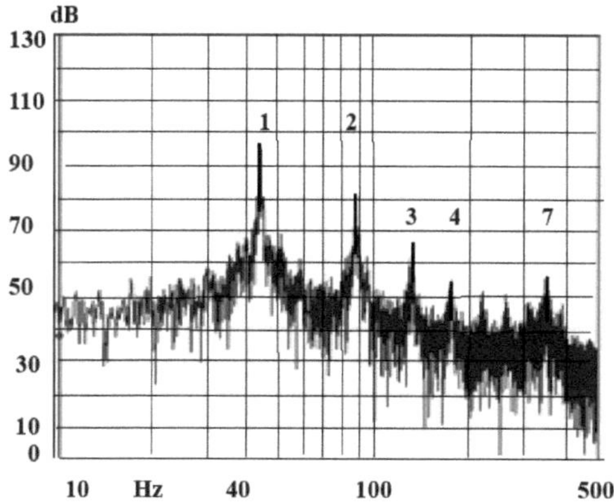

Figura III.13a. Gráfico experimental do sinal acústico de saída. A campainha está diretamente sobre o solo. As caraterísticas de pico são: 1- Is = 95,7 dB em f = 43,7 Hz; 2 - Is = 80,5 dB em f = 87,5 Hz; 3 - Is = 66,5 dB em f = 131,2 Hz e; 4 - Is = 54,9 dB em f = 174,6 Hz; 7 - Is =56,2 dB em f = 347,3 Hz.

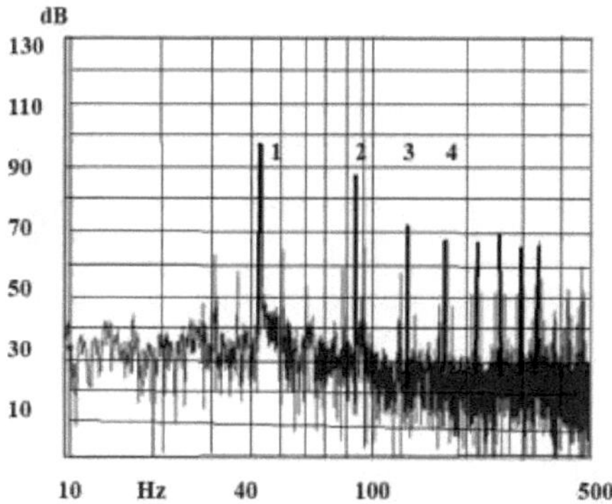

Figura III.13b. Gráfico experimental do sinal acústico de saída. A campânula do ressoador está localizada num tapete de borracha de 42 mm. As caraterísticas de pico são: 1- *Is* = 97,2 dB em *f* = 42,9 Hz; 2 - *Is* = 87,7 dB em *f* = 85,7 Hz; 3 - *Is* = 71,5 dB em *f* = 128,6 Hz e; 6 - *Is* = 68,4 dB em *f* = 257,1 Hz.

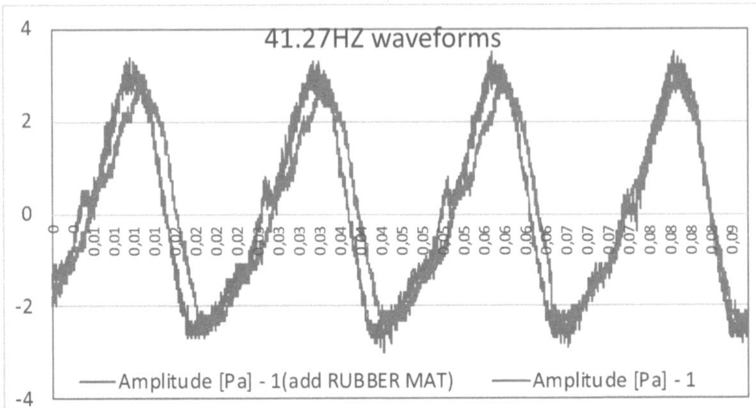

Figura III.13c. Gráficos experimentais do sinal acústico de saída, comparação das formas de onda, a curva superior corresponde aos sinais de sirene selecionados.

<u>Série de gráficos seguintes.</u> Medições a 1 m perto do sino ressonante, a frequência do som 41,27Hz

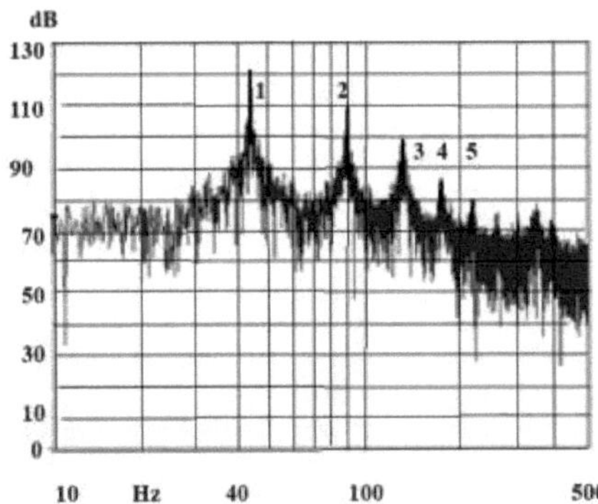

Figura III.14a. Gráfico experimental do sinal acústico de saída. A campainha está diretamente sobre o solo. As caraterísticas de pico são: 1- Is = 121,1 dB em f = 44,1 Hz; 2 - Is = 108,3 dB em f = 88,1 Hz; 3 - Is = 98,6 dB em f = 131,2 Hz e; 4 - Is = 86,7 dB em f = 175,3 Hz; 5 - Is =80,8 dB em f = 217,5 Hz.

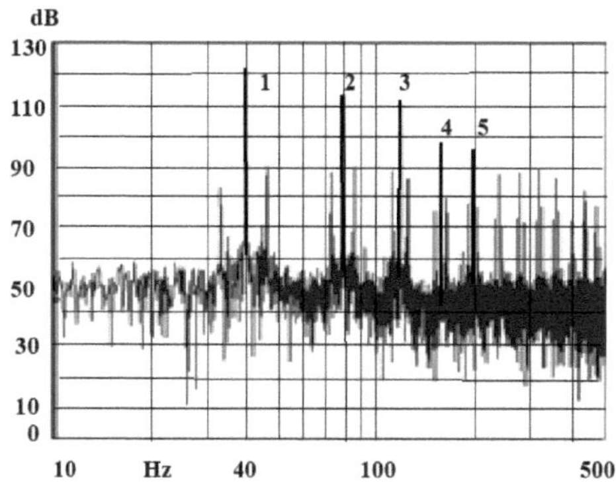

Figura III.14b. Gráfico experimental do sinal acústico de saída. A campânula de ressonância acústica encontra-se sobre um tapete de borracha de 42 mm. As caraterísticas de pico são: 1- Is = 121,2 dB em f = 39,4 Hz; 2 - Is = 113,2 dB em f = 78,9 Hz; 3 - Is = 109,8 dB em f = 118,3 Hz e; 4 - Is = 96,6 dB em f = 157,7 Hz; 5 - Is =94,6 dB em f = 197,1 Hz.

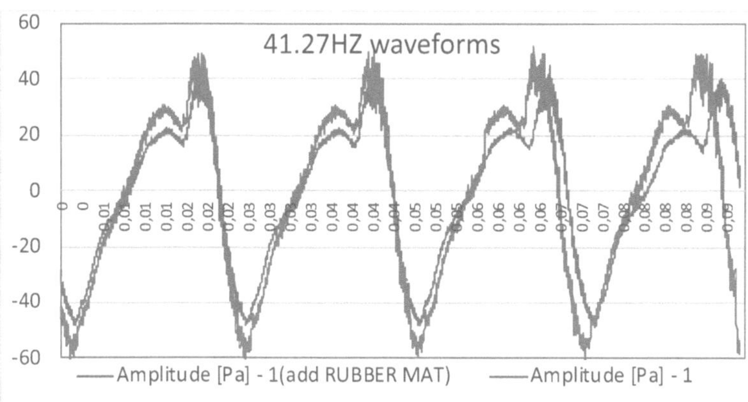

Figura III.14c. Gráficos experimentais. Comparação das formas de onda. A curva de aparência corresponde aos sinais filtrados da sirene.

<u>Os gráficos seguintes</u>; a posição do sensor de pressão está a 1 m de distância da saída da campainha ressonante, com uma frequência de saída de 41,27Hz.

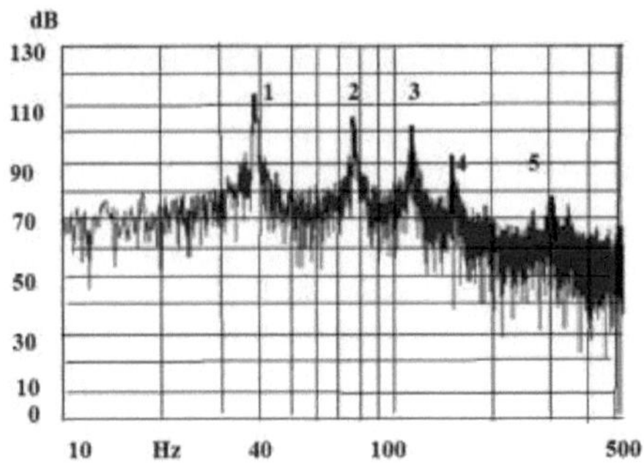

Figura III.15a. Gráfico experimental do sinal acústico de saída. A campainha está diretamente sobre o solo. As caraterísticas de pico são: 1- Is = 113,5 dB em f = 38,2 Hz; 2 - Is = 105,4 dB em f = 76,4 Hz; 3 - Is = 102,1 dB em f = 114,2 Hz e; 4 - Is = 91,5 dB em f = 152,3 Hz; 5 - Is = 77,6 dB em f = 303,2 Hz.

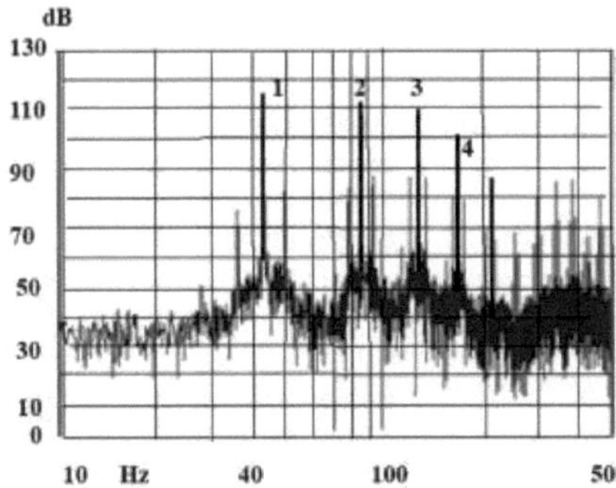

Figura III.15b. Gráfico experimental do sinal acústico de saída. A campânula de ressonância acústica encontra-se sobre um tapete de borracha de 42 mm. As caraterísticas de pico são: 1- Is = 114,5 dB em f = 42,6 Hz; 2 - Is = 110,7 dB em f = 85,1 Hz; 3 - Is = 108,9 dB em f = 127,7 Hz e; 4 - Is = 99,7 dB em f = 170,2 Hz.

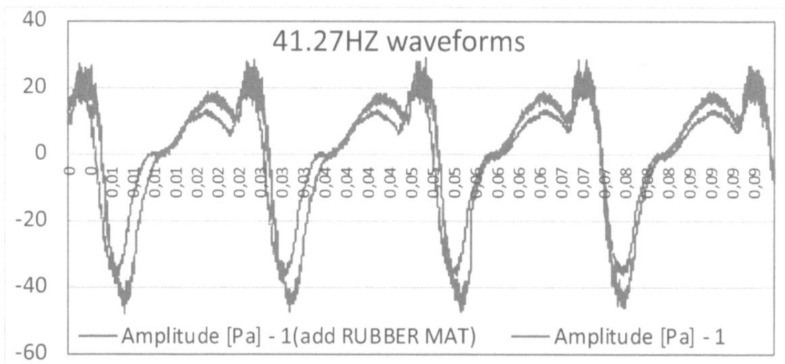

Figura III.15c. Gráfico experimental do sinal acústico de saída. Comparação de formas de onda

Observa-se uma filtragem eficaz do espetro do sinal acústico de saída da campânula, como resultado do isolamento do ressonador da campânula dos ruídos provenientes do solo, isolamento esse efectuado eficazmente por meio de tapetes de borracha sob os suportes em que a campânula está suspensa.

III.7. Análise da frequência do ressoador de Bessel

Analisemos o ressoador de forma de Bessel para calcular as suas frequências de ressonância. Denotamos a relação entre as coordenadas horizontal, x, e vertical, z, no interior do sino com superfície lateral em forma de Bessel, J_0 (x), da seguinte forma:

$$z(x) = L[1 - J_0(x)] \approx L2.25x^2 / 3^2 \approx 0.25x^2 L$$

(III.10)

O z é a coordenada vertical no interior da campânula e $L = 2$ m é o comprimento vertical da campânula, o $R(z)$ é a coordenada radial no interior da campânula e $2R_{max}$ = 3.4 m. O primeiro zero da função de Bessel, J_0 $(x_0$) = 0, relaciona-se com o argumento x $_0 \approx 2.4$ [134]. O argumento da função de Bessel deve ser relacionado com o número de onda acústica $k = 2 / \pi\lambda$ e o comprimento de onda éλ ; e a relação do número de onda acústica com o argumento da função de Bessel é a seguinte $x_0 = kR_{max}$. A coordenada radial no interior da campânula e a área da secção transversal, $S(z)$, ao longo do *eixo z* podem ser determinadas com base em (III.10) da seguinte forma:

$$R(x) = R_{max}[x/x_0],$$

(III.11)

$$S(z) = \pi R^2 = \pi R_0^2 x^2 / x_0 \approx \pi R_0^2 z / (2.25 L x_0) = Az$$

(III.12)

O coeficiente é $A = R\pi_0^2 /(2.25Lx)_0 \approx 0.582R /L_0^2 \approx 0.84$ para o comprimento deste equipamento, $L = 2m$, e o diâmetro de saída $2R = 3.4$ m. Para encontrar as frequências de ressonância de qualquer ressoador acústico, é necessário resolver a equação da forma da corneta [135] relacionada com a pressão, $P(z)$, da seguinte forma

$$\frac{\partial^2 P}{\partial z^2} + \frac{1}{S(z)} \frac{\partial S(z)}{\partial z}\left[\frac{\partial P(z)}{\partial z}\right] + k^2 P = 0$$

(III.13)

O segundo termo da equação (III.13) é igual a $S'_z /S = z^{-1}$, tendo em conta a equação (III.12), e resulta na equação de Bessel de ordem zero dos sinais de pressão de saída, com a seguinte solução

$$z^2 P'' + zP' + z^2 k^2 P = 0$$
$$P(z) = BJ_0(kz)$$

(III.14)

Há um coeficiente desconhecido B. A equação de fronteira 1st exige a onda plana no interior e na saída da buzina; a equação de fronteira 2nd exige a contiguidade da pressão ao longo do eixo z:

$$A_1 \cos(kL) = BJ_0(kz)$$
$$A_1 k \times \sin(kL) = BJ_0'(kz) = -BkJ_1(kz)$$

(III.15)

O A_1 é um coeficiente. Dividindo a equação de fronteira 2nd pela equação de fronteira 1st , obtém-se a equação de dispersão da seguinte forma:

$$\frac{\sin(kL)}{\cos(kL)} \approx -\frac{J_1(kL)}{J_0(kL)}$$

(III.16)

Existe uma equação caraterística ou de dispersão para determinar os números de onda de ressonância $k = 2f/C\pi_a$ e a frequência de ressonância f para o nosso ressonador acústico em forma de sino. A solução da equação (III.16), tendo em conta a relação $k = 2f/C\pi_a$ à velocidade do som do ar $C_a \approx 315,5$ m/s, indica a frequência de ressonância da campânula que pode ser libertada e intensificada no interior deste ressonador acústico.

A comparação da frequência calculada e medida da sirene indica uma boa coincidência. As frequências e as intensidades dos picos do sinal da sirene foram medidas e representadas nas Figuras III.8 - III.15. Os resultados calculados da série de frequências de ressonância com o ressonador de sino de Bessel com as dimensões acima mencionadas são

$f \approx 39,3$; $49,5$; $60,5$; $87,62$; $118,5$; $128,04$; $138,8$; 167 Hz ...

As vibrações de ordem superior também podem ser calculadas de acordo com a equação (III.16), mas as vibrações de ordem inferior ocorrem primeiro porque requerem menos energia de estimulação. Os pequenos desvios entre o valor calculado e o valor medido de cada frequência estão relacionados com as alterações de temperatura e com a velocidade do som associada, por exemplo, a primeira frequência $f = 39,3$ Hz passa a $f \approx 43$ Hz quando C_a muda de 315,5 m/s para 340 m/s. Esta frequência mais baixa é também designada por modo fundamental de oscilação, que necessita da menor energia para ocorrer.

Ao mesmo tempo, este ressoador também responde bem às frequências para um tubo aberto simples com o mesmo comprimento $L = 2$ m, como frequência de um tubo fechado numa extremidade (III.17) como em ambas as extremidades fechadas (III.18). As relações seguintes (III.17 - III.18) fornecem cálculos de acordo com estas opções adicionais:

$$f_p = (n + 0.5)C_a / (2L)$$

(III.17)

$$f_{pip} = nC_a / (2L)$$

(III.18)

Há n = 1, 2.... e as frequências de acordo com (III.17) são: f_p = 39.4; 118.3; 197.2; 276; 355 Hz e etc. usando C $_a \approx$ 315.5 m/s.

As frequências calculadas de acordo com (III.18) são f_p = 78.8; 157.8; 236.6; 315.5; 394.3 Hz e etc. Estas séries de frequências de saída da sirene coincidem bem com os resultados experimentais nas Figuras III.8 - III.11. A caraterística deste grupo de experiências é a excitação dos golpes na campainha do ressoador com uma frequência que corresponde às equações (III.16) e também (III.18).

A razão para a ação simultânea de vários mecanismos para formar uma série de frequências emitidas reside na imperfeição do ressoador de corneta, ou seja, o seu pequeno comprimento L, em comparação com o tubo longo cujo comprimento pode ser muito maior do que o comprimento de onda para obter uma filtragem de alta frequência. A vantagem é que o ressonador de forma de Bessel aqui utilizado melhora o modo mais baixo em f = 39,4 Hz, proporciona concentração de sinal na deteção vertical e pode ser aquecido pelo Sol para obter um fluxo térmico adicional. Os resultados dos espectros experimentais mostram a soma dos sinais emitidos pelo ressoador de Bessel, mas as amplitudes de cada sinal podem ser variadas através de uma afinação cuidadosa. A coincidência exacta da frequência dos toques de campainha deve ser igual à frequência de rotação da sirene rotativa. Neste caso, é possível selecionar uma frequência desejada com um nível de cerca de 8 dB em relação às outras. Assim, a perda de energia acústica nas altas frequências irradiadas é minimizada pelo desenho ótimo do emissor acústico, que tem a forma de Bessel de acordo com o perfil da onda do sinal de frequência fundamental.

III.7. O papel da condensação do vapor de água em gotículas no interior do campo acústico

O movimento das gotas em relação ao meio, causado por uma onda sonora, leva a uma intensificação da transferência de calor e massa entre a gota e o meio. Isto acontece não só durante as colisões, mas também através da condensação de moléculas de vapor de água em gotas que se movem num meio supersaturado. Aqui consideramos em pormenor a eficácia do segundo mecanismo, a condensação. O autor do artigo [110] assume que o efeito acústico no ar ambiente com frequência circular ω é de natureza semelhante à dos vórtices rotativos turbulentos do ar ambiente, porque estas escalas de vórtice com diâmetros de 1 mm $\div$ 100 m são caracterizadas por um contínuo de várias frequências circulares. A fórmula analítica para o crescimento da condensação de gotas em gotas em movimento, $u(r_d)$, é desenvolvida em [110] e apresentada numa forma:

$$u(r_d) = \frac{2C_0\sigma M}{RT}\left(\frac{1}{r_{eq}} - \frac{1}{r_d}\right)\left(\frac{\rho_d}{D_a^{1/2}} + \frac{\rho_d L_v}{C_a\rho_a\kappa_a^{1/2}}\frac{dC_0}{dT}\right)^{-1}\sqrt{\frac{v_d}{r_d}}$$

(III.19)

Aqui v_d, r_d, ρ_d são a velocidade da gota, o seu raio e a densidade da água; r_{eq} é o raio crítico de uma gota; C_0 é a concentração de saturação do vapor de água; C_a é a capacidade térmica específica do ar; D_a é o coeficiente de difusão molecular do vapor de água no ar; M é o volume molar da água; o $\delta_d = \sqrt{r_d D_a / v_d}$ é a espessura da camada de difusão limite, espessura semelhante da camada de difusão térmica perto de gotas em movimento é $\delta_d = \sqrt{r_d K_a / v_d}$ com o valor do coeficiente de difusividade térmica do ar K_a. As fórmulas (III.19) são o resultado da consideração conjunta dos três factos seguintes. Em primeiro lugar, o processo de condensação está relacionado com o valor do calor latente L_v, e com o sobreaquecimento da gota ΔT relativamente ao ar circundante, pelo que a equação seguinte deve ser satisfeita:

$$u(r_d)\rho_d L_v = C_a\rho_a K_a\Delta T / \delta_T$$

(III.20)

Em seguida, a concentração de vapor de água perto da superfície de uma gota em crescimento, C_s , difere de C_0 devido à curvatura da superfície da gota~ $1/r_d$, e está a sobreaquecerΔ T durante a realização do calor latente para a condensação, o que resulta na equação seguinte:

$$C_s = C_0 + C_0 \frac{2\sigma M}{r_d RT} + \Delta T \frac{dC_0}{dT}$$

(III.21)

A transferência de vapor da nuvem para a gota em crescimento ocorre devido à diferença de valores de saturação de vapor na nuvem C_{eq} e o seu valor perto da superfície da gota C_s de acordo com a equação seguinte:

$$u(r_d)\rho_d = D_a \frac{C_{eq} - C_s}{\delta_D}$$

(III.22)

A consideração conjunta de (III.20-22) resulta na equação (III.19) que indica a taxa de crescimento da condensação de uma gota em função da velocidade do seu movimento relativamente ao meio. No entanto, o fator determinante é a diferença entre os valores do raio da gota e o raio crítico, tal como especificado ($1/r_{eq}$ - $1/r_d$) na equação (III.19). Devido ao pequeno tamanho das gotículas na nuvem, a sua área de superfície total é bastante grande, e o valor típico da super saturação é menor e é da ordem de C_{eq}~ 10^{-2} - 10^{-4} g/m^3 . Uma vez que a super saturação na nuvem é muito menor do que o teor de água, $C_{eq} << LWC$, e $LWC = \sum_{r_d}\left(4\pi r_d^2\right)$ o trabalho [110] conclui que as gotículas maiores crescem devido à evaporação das pequenas. Todas as gotas de volume total permanecem inalteradas como se segue:

$$\int_0^\infty 4\pi r_d^2 u(r_d)n(r_d)dr_d = 0$$

(III.23)

A partir de (III.23) conclui-se que o valor do raio crítico está dentro da gama de distribuição do tamanho das gotas para a observação da redistribuição a longo prazo da água entre as gotas no seu continuum. A condição de que a água no interior das partículas é estacionária leva à seguinte equação:

$$\frac{\partial n(r_d)}{\partial t} = \frac{\partial [u(r_d)n(r_d)]}{\partial r_d}$$

(III.24)

Existe um sistema fechado de equações (III.23-24) que descrevem a variação no tempo da distribuição do tamanho das gotas e os valores. Além disso, a equação (III.19) indica que no caso $r_d << r_{eq}$, assim como $r_d >> r_{eq}$, corresponde a um baixo crescimento das gotículas~ r_{eq}^{-1}. O processo de crescimento das gotículas é mais rápido no caso $r_d \approx r_{eq}$ e é proporcional a é determinado por r_{eq}^{-2}. Pode deduzir-se do que precede que o raio crítico tende constantemente a situar-se no interior do conjunto de gotículas, o que obedece à distribuição das gotículas ao longo das dimensões, pelo que o espetro estável é bastante estreito.

Como resultado, o crescimento da condensação dificilmente pode proporcionar condições para a precipitação, uma vez que, mesmo nestas condições, a taxa de crescimento da condensação das gotículas não excede 1 μm/hora e a formação de gotículas de chuva requer demasiado tempo. Isto significa que o principal efeito para a unificação das gotículas dentro do campo acústico é proporcionado pela sua colisão.

III.8. Diferentes esquemas de colisão de gotículas em nuvens

O padrão de colisões de gotículas pequenas com gotículas grandes localizadas perto, de acordo com o diagrama da monografia [18], é apresentado aqui na Figura III.16a, onde a gota grande é mostrada a azul no centro. O contorno exterior no diagrama é o volume de pré-agregação da gota grande para o qual as gotas mais pequenas são atraídas para cair no seu volume de agregação durante um tempo específico e não pequeno. Neste diagrama, os números das gotas pequenas de 2 a 9 indicam gotas pequenas que podem ser capturadas pela gota grande e entrar na sua zona de influência, movendo-se depois em direção à gota grande para se fundirem com ela. A exceção é a gota na posição 10, que não está incluída no volume pré-agregado.

A zona interior, $R_{ag} \approx r + r_{12}$, é igual à soma dos raios das gotas grandes e pequenas. Esta zona permite a fusão mais fiável e rápida das gotas. É alongada ao longo da linha horizontal de acordo com a velocidade coaxial da partícula pequena em relação à grande. Isto é possível porque a potência acústica é a mais elevada no interior do volume de colisão da agregação e permite um contacto seguro destas gotículas durante metade do período da onda acústica.

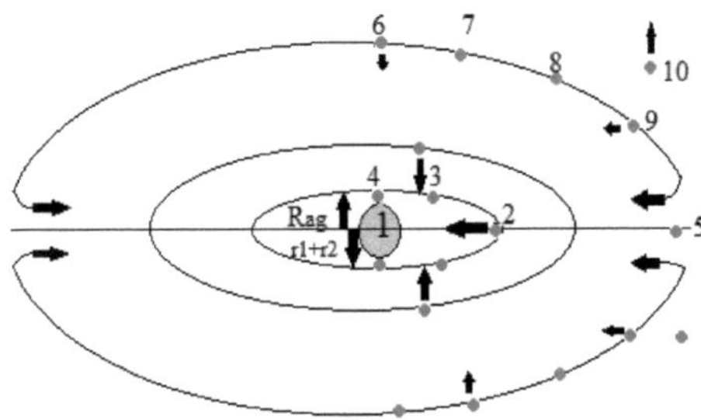

Figura III.16a. Esquema da interação de uma gota grande (N.º 1) com gotas pequenas (N.ºs 2-9) em campos acústicos, segundo o diagrama de [18].

A zona intermédia corresponde ao volume de agregação onde as gotículas pequenas devem mover-se para a gota grande de acordo com diferentes mecanismos possíveis [111-114], mas estes mecanismos podem atuar (ou não) em momentos diferentes e com eficiência diferente dependendo dos diâmetros das gotículas, distância mútua ou parâmetros ambientais. Por exemplo, há uma contribuição cinética para o movimento que ocorre entre duas gotículas cujos centros estão ao longo de uma linha não paralela à linha de fluxo [111], e estas gotículas podem colidir se entrarem no volume de agregação. O efeito de onda acústica é baseado no efeito Oseen no número de Reynolds $Re < 10$ [115] que ocorre devido à assimetria do campo de fluxo em torno das gotículas.

Quando existe uma velocidade relativa entre as partículas e num fluido, as partículas perturbam o campo de fluxo de forma diferente em ambos os lados da frente e de trás, e a perturbação na parte de trás é mais forte, formando uma onda de baixa pressão. O efeito de fundo é que o tamanho das partículas da nuvem é muito menor do que a espessura da camada limite acústica. O efeito seguinte ocorre quando as partículas são arrastadas num campo sonoro, a velocidade do fluido entre as partículas é maior do que fora das partículas. De acordo com a equação de Bernoulli, esta diferença de velocidade criará uma pressão líquida que fará com que as partículas se atraiam umas às outras se e somente quando esta pressão mútua for suficientemente forte. Existe um mecanismo de pressão de radiação mútua descrito no artigo [113]. Notamos que as interações gravitacionais e o efeito Browniano também são apresentados na nuvem.

O mecanismo ortocinético que actua nesta zona é o mais fiável e eficaz que o mecanismo de sedimentação por gravidade. A interação ortocinética existe sempre, em qualquer momento, há uma diferença de velocidades de movimento de acordo com a diferença de raio de 1st e 2nd gotículas, e uma gota pequena alcança constantemente uma gota grande no sentido para a frente ou para trás num meio vibratório.

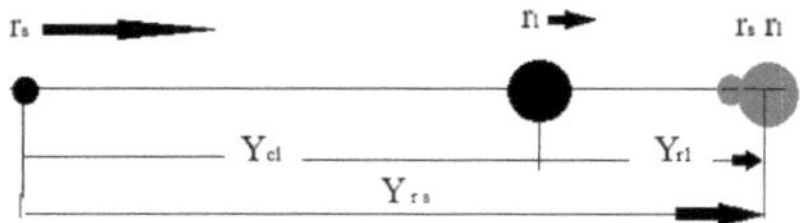

Figura III.16b. Diagrama de colisão ortocinética de gotículas ao longo dos eixos da onda acústica (interação no eixo horizontal central da figura III.16a anterior). Os números r_l e r_s são as gotas de tamanho grande e pequeno na nuvem; o número Y_{cl} é a distância média das gotas; os números Y_{rl} ou Y_{rs} são as amplitudes de vibração das gotas grandes ou pequenas que devem ser fornecidas pela potência acústica para a colisão das gotas.

Vamos ilustrar a colisão ortocinética de gotículas ao longo dos eixos do movimento da onda acústica de duas gotículas vizinhas com tamanhos aleatórios. A acústica deve fornecer amplitudes suficientemente grandes para que duas gotículas vizinhas tenham oportunidade de se encontrar e colidir. As gotículas têm raios diferentes que proporcionam velocidades diferentes, pelo que as gotículas pequenas mas rápidas apanham as gotículas grandes e lentas.

III.9. Análise da amplitude de vibração da gota no campo acústico de baixa frequência

Consideremos o mecanismo ortocinético mais fiável para obter colisões de gotículas, ver Figura III.16b. Como resultado destes movimentos das gotas, algumas gotas mais pequenas e mais rápidas podem apanhar algumas gotas grandes dentro do seu movimento unilateral no campo acústico durante metade do período de vibração. Vários artigos recentes propõem possíveis descrições adicionais dos mecanismos de interação das gotículas num escoamento e/ou no interior de uma onda acústica [18, 20, 29, 111-114]. A vantagem desta abordagem é o resultado de fórmulas analíticas para descrever as amplitudes e interações das gotas. As caraterísticas são que as duas principais forças actuantes foram tidas em conta, como o atrito de Stokes do ar no lado da gota e a ação adicional da pressão acústica.

A relação entre a amplitude da velocidade das moléculas de ar, V_a , e a intensidade acústica, I_s , é deduzida da equação de onda para a onda plana [18]. A fórmula é a seguinte:

$$V_a \approx \sqrt{2I_s/(\rho_a C_a)}$$

(III.25)

Onde deve ser introduzido I_s em W/m^2 , a velocidade do som $C_a = 330$ m/s, a densidade do ar $\rho_a \approx 1,29$ kg/m^3 . Por exemplo, a intensidade acústica $I_s = 140$ dB $= 100$ W/m^2 $= 10^{-2}$ W/cm^2 produz a velocidade acústica adequada da molécula de ar é $V_a \approx 0,68$ m/s. A intensidade acústica por quadrado dentro da onda acústica também pode ser representada para cálculos posteriores da seguinte forma

$$I_s = q \times f$$

(III.26)

em que q representa a energia de um impulso por unidade de superfície em J/m² e f é o número de impulsos por segundo que é igual à frequência aplicada.

O modelo das gotículas mais pequenas e a explicação do seu movimento são os seguintes. As gotas mais pequenas de água estão envolvidas nos movimentos oscilatórios do ar vibrante numa onda acústica, devido à força de fricção de Stokes na superfície lateral da gota, que assegura a adesão e as gotas seguem o fluxo. Para as gotas mais pequenas, a razão motriz é uma força de Stokes F_s (r) que é o atrito lateral das moléculas de ar na forma:

$$F_s(r,\omega,t) \approx 6\pi\eta r V_a \sin(\omega t)$$

(III.27)

A equação para a velocidade de vibração das partículas mais pequenas V_s pode ser escrita na forma [18]:

$$\tau(r)\frac{dV_s(r,t)}{dt} + V_s(r,t) = [V_a - V_s]\sin(\omega t)$$

(III.28)

Existe um tempo de relaxamento,τ , para as gotículas entrarem no fluxo:

$$\tau(r) = m(r)/6\, r\pi\eta \approx 2\, r\, /9\, \rho_w{}^2 \eta$$

(III.29)

Aqui, a massa de uma gota é $m(r) = 4\, r\pi\rho_w{}^3\, /3$, $\eta \approx 1{,}8 \times 10^{-5}$ Pa× s é a viscosidade do ar. A $\omega = 2\pi$ f é uma frequência circular da acústica aplicada. Normalmente, existe um ligeiro desfasamento temporal entre a amplitude das gotículas de água mais pequenas e as moléculas de ar. O atraso de fase da gota,φ , no fluxo é determinado através da relação $tg(\varphi)\ =\omega\tau\ (r)$. O resultado da velocidade de pequenas gotas pode ser encontrado numa forma:

$$V_s(r,t,\omega) \approx V_a \sin[\omega t - \arctan(\omega\tau)]/\sqrt{1+\omega^2\tau^2} \approx V_a \sin(\omega t)$$

(III.30)

Negligenciar outros pequenos atrasos de fase, porque $tg\varphi = \omega\tau \approx 0,01$ também negligenciar o valor $(\ )\omega\tau^2 \ll 1$ a baixa frequência $f \sim 100$ Hz devido a valores típicos $\tau \approx 10^{-5}$ s a $r = 1\mu$ m. O módulo da amplitude da gota durante metade do período é um integral da velocidade durante o tempo t de 0 até π :

$$Y_s(r,\omega) = \int_0^{\pi/\omega} V_s(t)dt \approx \frac{2V_a}{\omega} \approx V_a / \pi f$$

(III.31)

A consideração seguinte é a de um modelo para gotículas de grandes dimensões. A vibração mecânica de uma gota em suspensão num meio de ar ocorre devido ao impacto periódico do ar comprimido no campo acústico na área frontal da gota com a força motriz F_{dr} [16]:

$$M(r)V'(r,\omega,t) + K_0 V(r,\omega,t) = F_{dr} \sin(\omega t)$$

(III.32)

Onde $Y(r,\omega)$ é a amplitude da gota, $Y'_t(r,\omega)$ e $Y''_{tt}(r,\omega)$ são a sua velocidade e aceleração, ρ_w e ρ_a denotam a densidade da água e do ar, e F_{dr} é a amplitude da força motriz. De acordo com vários artigos teóricos, outras forças como a flutuabilidade e o fator de correção do deslizamento de Cunningham num escoamento são aqui negligenciadas, uma vez que têm valores bastante pequenos para gotículas de nuvens típicas ($r \approx 3$ - 50μ m) [117-118]. O K_0 indica atenuação, pelo que, após a sua substituição na equação (III.32), se torna a força de atrito de Stokes. Os termos de atenuação no sistema vibrado são definidos como se segue:

$$K_0(r,\omega) = \left[6\pi\eta r + 3\pi r^2 \sqrt{2\eta\rho_a\omega}\right] = 6\pi\eta r\left[1 + r\sqrt{\pi f\rho_a/\eta}\right] \approx 6\pi\eta r$$

(III.33)

O termo adicional $r\sqrt{\pi f \rho_a / \eta} \sim 10^{-2}$ que pode ser negligenciado. O primeiro termo $M(r)$ na equação (III.32) é a soma da massa da partícula em movimento com a massa adicional do ambiente, que também está ligada ao movimento em torno da partícula. É expresso pela seguinte relação:

$$M(r,\omega) = 4\pi\rho_w r^3 / 3 + 2\pi\rho_a r^3 / 3 + 3\pi r^2 \sqrt{2\eta\rho_a / \omega}$$

(III.34a)

$$M(r,\omega) \approx (4\pi r^3 \rho_w / 3)\left[1 + 2.25 r^{-1}\rho_w^{-1}\sqrt{\eta\rho_a /(\pi f)}\right]$$

(III.34b)

O primeiro termo em (III.32) é a massa da gota. O segundo termo em $M(r)$ descreve a massa do meio comum em vibração, $m_a = 2\, r\pi\rho_a^3 /3$, que é um pequeno acréscimo à massa da gota, cerca de$\sim 10^{-4}$ foi negligenciado; o último termo indica perdas por radiação acústica que são grandes para os parâmetros considerados. Além disso, existe o coeficiente$\beta = K_0 /M$. A equação do modelo (III.32) pode ser reescrita para a velocidade da gota, $V(r,\omega,t)$, numa forma de:

$$V_t'(r,\omega) + \beta V(r,\omega) = F_{dr}\sin(\omega t)/ M$$

(III.35)

A solução estável padrão para equações diferenciais [75] é a seguinte:

$$V_l(t) \approx \frac{F_{dr}}{M(\beta^2 + \omega^2)}\left[\beta\sin(\omega t) - \omega\cos(\omega t)\right]$$

(III.36)

A força motriz completa para uma gota dentro de um fluxo de ar periódico na *equação* (III.32) é uma soma da força de atrito de Stokes tradicional na gota, F_s, e da pressão de ar induzida acusticamente na superfície frontal da gota, F_L, expressa da seguinte forma

$$F_{drl} = F_s + F_l \approx 6\,rV\pi\eta_a + \pi\,r\,V^2\rho_{aa}^2$$

(III.37)

A lógica da física explica que muitas moléculas de ar rápidas aderem à superfície frontal de uma gota grande, transmitindo o seu impulso para mover uma gota grande como resultado. Normalmente, a pressão induz uma força F_L que é proporcional à pressão da molécula em movimento $\sim\rho_a V_a^2/2$ multiplicada pela superfície frontal da gota $S_{1/2} = 2\,r\pi^2$. As moléculas de ar têm velocidade $V_a(t) = V_a \sin(\omega t)$ dentro da onda acústica. Utilizando este modelo de equações (III.32-37), o deslocamento da gota a meio período, ou a altitude vibratória de uma gota grande, pode ser apresentado de uma forma:

$$Y_l(\beta, F_{dr}) \approx \frac{F_{dr}}{M}\left[\beta^2 + \omega^2\right]^{-1}\frac{1}{\omega}\int_0^\pi \left[\beta\sin(\omega t) - \omega\cos(\omega t)\right]d(\omega t))$$

(III.38a)

$$Y_l(\beta, F_{dr}) \approx \frac{F_{dr}}{M}\left[\beta^2 + \omega^2\right]^{-1}\left(\frac{2\beta}{\omega}\right)$$

(III.38b)

Para obter mais precisão, pode-se adicionar uma força gravitacional, $F = m(r)\times g$, mas é inferior a 1%. Também avaliámos a precisão da amplitude da queda, se tivermos em conta o segundo termo na forma $r\,V\pi\rho_a^{2}(_a - Y)_l^2$ na expressão (III.37). A equação (III.38$_{drl}$Duas variantes são calculadas tendo em conta em F_{drl} o pequeno termo da diferença entre as velocidades do ar e da gota, $V_a - Y_l$ com uma velocidade inicial aproximada do ar V_a. Esta comparação é $[Y_l(V_a - Y_l) - Y_l(V_a)]/Y(V_a) < 10^{-4} - 10^{-5}$, que se revelou negligenciável como pequena adição dentro da velocidade do ar actuado. A fórmula anterior (III.38) é reorganizada com a anterior (III.25) para a amplitude das gotas, $Y_l(r,q,f)$, como se segue:

$$Y_l(r,q,f) \approx \frac{1}{\pi f}\left\{\sqrt{\frac{2I_s}{\rho_a C_a}} + \frac{I_s r}{3C_a\eta}\right\} \times$$

$$\left\{1+0.1975 f^2 r^4 \left(\frac{\rho_w}{\eta}\right)^2 \left(1+2.25 r^{-1}\rho_w^{-1}\sqrt{\eta\rho_a/(\pi f)}\right)^2\right\}^{-1}$$

(III.39)

Os cálculos da amplitude são efectuados de acordo com a fórmula (III.39) com uma força motriz combinada para raios de gota $r = 1 - 30\mu$ m e representados na Figura III.17a-c. Os títulos das curvas a correspondem a frequências acústicas $f = 40$, 80 ou 160 Hz e a intensidade $I_s = 0,1$ ou 1 W/m^2 na Figura III.17a. As amplitudes das gotas vibradas, Y_l, são expressas em mm.

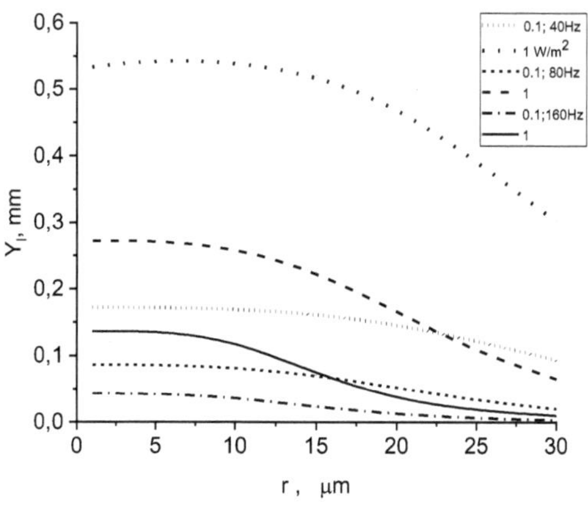

Figura III.17a. Amplitudes das gotas Y_l *(r)* em mm em função dos raios das gotas, $r = 1 - 30\mu$ m à frequência $f = 40$ Hz , 80 Hz ou 160 Hz; a intensidade acústica aplicada é $I_s = 1$ ou 0,1 W/m^2 .

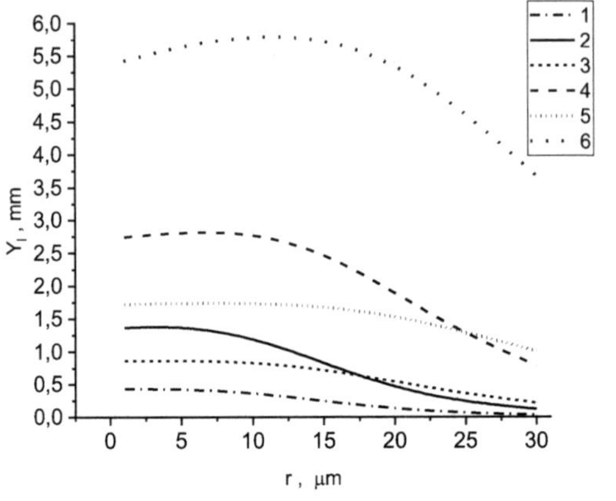

b

Figura III.17b. Amplitudes das gotas Y_l *(r)* em mm para raios, $r = 1$ - 30μ m correspondem a $I_s = 10$ W/m² (curvas 1,3,5) ou $I_s = 100$ W/m² (curvas 2,4, 6); as curvas 1, 2 correspondem a $f = 160$ Hz; as curvas 3, 4 a $f = 80$ Hz; as curvas 5, 6 a $f = 40$ Hz.

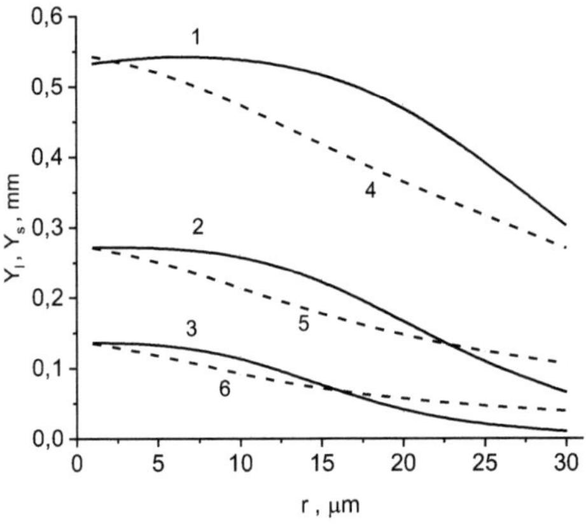

c

Figura III.17c. Amplitudes de gota Y_l *(r)* em mm calculadas de acordo com a fórmula completa (III.39) e representadas por linhas sólidas 1, 2 ou 3; as menores amplitudes de gota Y_s *(r)* com a fórmula (III.31) indicadas por linhas tracejadas 4, 5, 6; a frequência $f = 40$ Hz (linhas No.1,4) , $f = 80$ Hz (No.2,5), $f = 160$ Hz (No. 3,6); a intensidade

134

acústica aplicada aqui é $I_s = 1$ W/m^2 em todos os casos.

A comparação destes dados nas Figuras III.17 indica que a amplitude de vibração das gotas de 1 -µ m até 5 -µ m é grande na nuvem real a alta $I_s = 100$ W/m2 e baixa frequência $f = 40$ - 160 Hz em comparação com as distâncias das gotas nas nuvens, $Y_{cf} \approx 0.855$ - 2.15µ m. Com o aumento da frequência e do raio da gota e com a diminuição da potência acústica, as amplitudes vibradas resultantes diminuem, o que é indicado nas Figuras III.17. Parcialmente, o espetro das gotículas das nuvens é ativo para as vibrações com colisão porque se podem obter amplitudes de cerca de 1 mm para as gotículas com raios de 1 - 5µ m que podem ser a maior parte das vezes nas nuvens. É claro que a amplitude de vibração é maior para as gotas que se encontram num campo acústico mais potente.   A figura III.17c mostra uma diferença significativa entre os cálculos dos dois modelos considerados, utilizando o modelo de Stokes para a gota mais pequena (III.31) e uma fórmula mais pormenorizada que tem em conta as variações de pressão no interior do campo acústico (III.39). Em nuvens jovens não chuvosas, a maior gota do espetro não tem geralmente grandes raios de 1 a 10 microns, pelo que o esclarecimento das amplitudes específicas para estas gotas é de maior importância quando se estimam os parâmetros óptimos do campo acústico para obter as amplitudes mais exactas da oscilação da gota no campo acústico. É significativo que a fórmula (III.39) indique uma solução analítica útil para aplicações em experiências e permita avaliar quantitativamente a amplitude.

III.10. Algoritmo para determinar a intensidade acústica de uma colisão segura

De acordo com a figura III.17b, a intensidade acústica $I_s = 130$ dB é suficientemente elevada para as nuvens continentais que aplicam a acústica a $f = 40$ - 160 Hz, mas para as nuvens marinhas só o é a $f < 160$ Hz. Ao mesmo tempo, a redução da intensidade acústica é desejável para reduzir o tamanho e o consumo de energia do equipamento experimental. Para as nuvens continentais, só é possível para $f = 40$ Hz até $I_s = 1$ W/m² (120 dB), de acordo com as análises anteriores, mas uma frequência mais elevada ou uma potência mais baixa não permitem uma colisão segura, de acordo com a amplitude de vibração mais simples de um ciclo acima apresentada.

O algoritmo seguinte serve para otimizar a potência acústica, P_s, em cada tipo de nuvem para obter a coalescência das gotas. De acordo com o esquema da Figura III.16b, as amplitudes das gotículas devem corresponder à fórmula:

$$Y(r_s) \approx Y_{cl} + Y(r_l)$$

   (III.40)

Uma consideração mais precisa das colisões entre duas gotas de tamanhos diferentes pode basear-se na equação abaixo para encontrar a potência acústica mínima, I_s, para iniciar a colisão do par de gotas com a gota mais pequena e a gota maior no espetro da nuvem, r_s e r_l. Aqui, a amplitude de uma gota pequena e rápida garante a passagem da distância entre gotas, $Y_{cl} \approx N^{-1/3}$, e também deve alcançar uma gota grande e lenta para colisão e fusão; a equação seguinte descreve o processo de colisão com base em (III.39-40) é:

$$\left[\sqrt{\frac{2I_s}{\rho_a C_a}} + \frac{I_s r_s}{3 C_a \eta}\right] \frac{1}{\pi f} \left\{1 + 0.1975 f^2 r_s^4 \left(\frac{\rho_w}{\eta}\right)^2 \left(1 + 2.25 \frac{\sqrt{\eta \rho_a /(\pi f)}}{r_s \rho_w}\right)^2\right\}^{-1} - N^{-\frac{1}{3}} \approx$$

$$\approx \left[\sqrt{\frac{2I_s}{\rho_a C_a}} + \frac{I_s r_L}{3 C_a \eta}\right] \frac{1}{\pi f} \left\{1 + 0.1975 f^2 r_l^4 \left(\frac{\rho_w}{\eta}\right)^2 \left(1 + 2.25 \frac{\sqrt{\eta \rho_a /(\pi f)}}{r_l \rho_w}\right)^2\right\}^{-1}$$

(III.41)

A equação (III.41) é ilustrada na Figura III.18, onde as curvas 1 e 2 correspondem a amplitudes de gotas de pequenas dimensões com raios $r_s = 3$ ou 5μ m que podem ser calculadas por (III.39) ou através de cada termo de gota na fórmula (III.41). As curvas 3, 4 ou 5 correspondem a amplitudes de gotas de grandes dimensões com raios $r_s = 25$, 30, 50 ou 100μ m, por exemplo, que podem ser calculadas com o último termo da fórmula (III.41). Como prova, as linhas verticais do lado direito da Figura III.18 correspondem à distância que deve ultrapassar uma gota mais pequena com alguém no meio ou no fim do espetro de gotas para satisfazer as equações (III. 41). Todos os cálculos da figura III.18 correspondem a f = 40 Hz. Pode deslocar mentalmente estas linhas verdes ao longo do eixo horizontal da potência até que a curva 1 ou 2 feche com uma das outras curvas para a amplitude de vibração de uma gota grande, e o eixo horizontal indique a intensidade adequada.

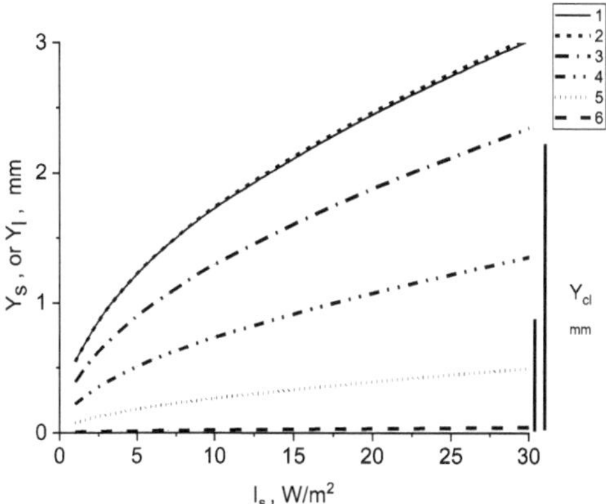

Figura III.18. Amplitudes das gotas de acordo com o primeiro ou o último termo da parte esquerda ou direita da equação (III.41); as curvas 1 ou 2 correspondem a pequenos raios dentro do espetro r_s = 1 ou 5µ m; as curvas 3 para r = 25µ m; a curva 4 para r = 35µ m; a curva 5 para r = 50µ m; a curva 6 para r = 100µ m. As linhas verticais do lado direito indicam uma gama de distâncias das gotículas dentro das nuvens, $Y_{cl} \approx N^{-1/3} \approx$ 0,855 - 2,15 mm.

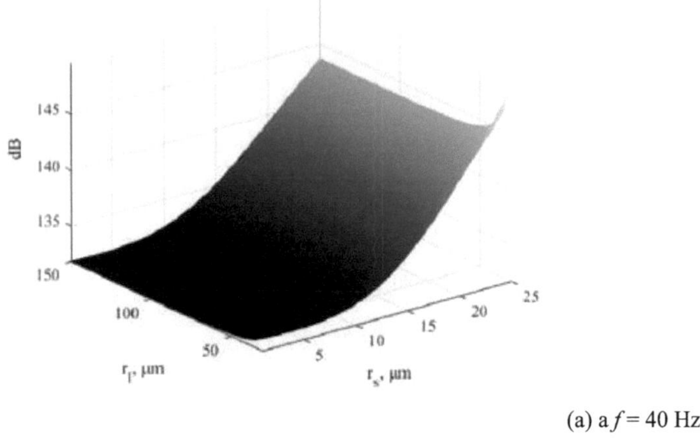

(a) a f = 40 Hz

Figura III.19a-d. A intensidade acústica necessária $I_s = P_s$ em dB, para a colisão numa amplitude vibrada com fusão para gotículas no interior do conjunto $r \approx 1 - 150\mu$ m, segundo a fórmula (III.21), f = 40 - 300 Hz.

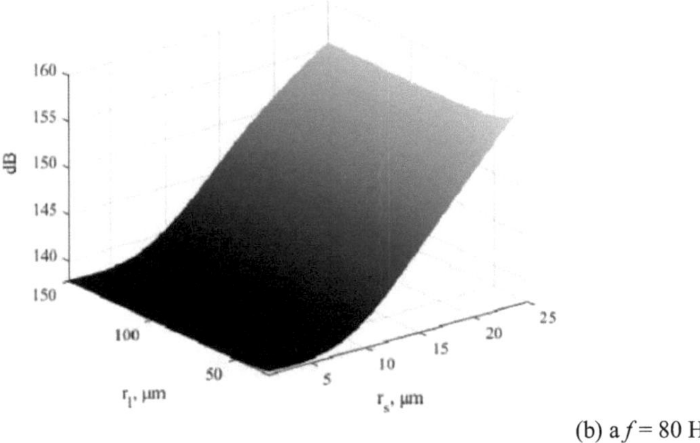

(b) a f = 80 Hz

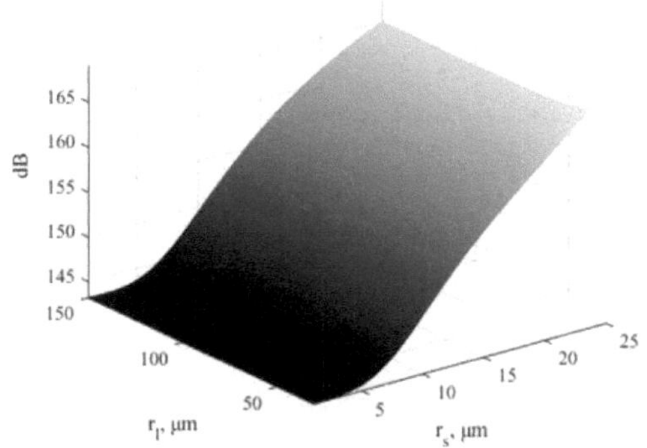

(c) $f = 150$ Hz

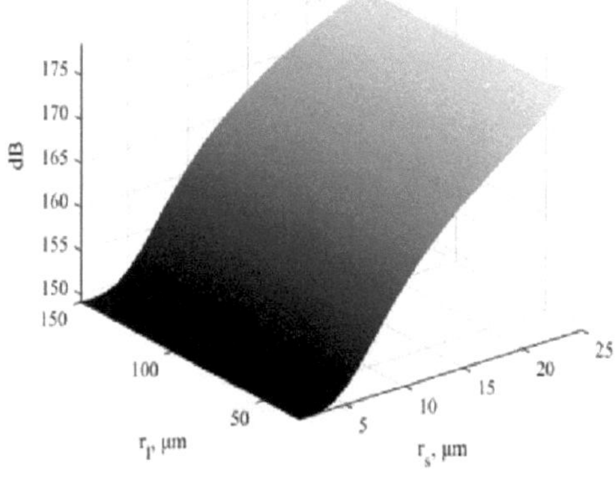

d) $f = 300$ Hz

Os parâmetros da nuvem foram utilizados para cálculos numéricos dentro de todo o espetro de gotículas da nuvem $r = 1 - 150\mu$ m e apresentados na Figura III.19a-d. Os cálculos de acordo com a equação (III.41) foram efectuados selecionando uma gota pequena das seguintes gotas $r_s = 1, 2... 25\mu$ m do início do espetro juntamente com uma gota grande na segunda metade do espetro $r_l = 25, 26... 150\mu$ m. Estes cálculos foram efectuados para frequências $f = 40 - 300$ Hz e apresentados nas figuras III.19a-d. As Figuras III.19a-d indicam que as frequências mais baixas 40 - 80 Hz permitem diminuir a intensidade acústica até 130 - 135 dB para envolver a parte mais ativa da gota $r_s \approx 1 - 5\mu$ m na colisão. O início das colisões para 10 - 20 % das gotículas de nuvem é muito importante no processo de estimulação da precipitação.

139

III.11. Vibração multi-ciclada para gotículas no interior de um fluxo de ar co-direcionado

A vibração multicíclica de duas gotas até à colisão é mais eficaz do que a vibração de ciclo único. A pequena amplitude das gotas pode ser aumentada devido ao acréscimo de deslocamento do fluxo de ar ascendente que deve ser co-direcionado com o vetor da onda acústica aplicada. É possível que uma acumulação de gotículas se aproxime devido à série de ciclos vibratórios no interior de um fluxo vertical adicional de ar ascendente. A opção é analisada mais detalhadamente, de modo a otimizar a potência acústica, tendo em conta a velocidade do fluxo, U, e o número de ciclos vibratórios para duas gotas até à colisão, x. Neste caso, um número x de ciclos vibratórios permite a acumulação da diferença das suas amplitudes, o que permite ultrapassar a distância entre gotas no interior da nuvem através de um pequeno fluxo ascendente de ar. Duas gotas vibradas podem encontrar-se após um tempo, $t_x = x/f$. A equação (III.40) transforma-se na seguinte:

$$[Y(r_s) - Y(r_l)]x \approx Y_{cl}$$

(III.42)

A análise é feita para obter fórmulas para as relações dos principais processos deste efeito. Considere-se um pequeno fluxo de ar com velocidade U, mas cuja direção coincide com o vetor da onda acústica e com a direção apropriada V_a. A velocidade da gota resultante em vez da equação (III.28-31) deve ter a forma seguinte:

$$V_{sx} \approx V_a[sin(\omega t) - \omega cos(\omega t)] + U$$

(III.43)

A amplitude de gota relacionada para a gota mais pequena em vez de (III.31) tem uma forma:

$$Y_{sx}(\omega t) = \int_0^\pi [V_{sx}(\omega t) + U]\omega^{-1}d(\omega t) \approx \frac{U}{2f} + \frac{V_a}{\pi f}$$

(III.44)

A força motriz deve ser alterada para gotas de grandes dimensões da equação (III.37) para a seguinte:

$$F_{lx} \approx 6\pi\eta_l[V_a sin(\omega t)+U]+\pi\rho_a r_l^2[V_a\ sin(\omega t)+U]^2$$

(III.45)

A velocidade de uma gota grande pode ser descrita pela equação seguinte:

$$V_{lx} \approx \frac{F_{lx}[\beta\ sin(\omega t)-\omega cos(\omega t)]}{M\omega(\beta^2+\omega^2)} =$$

$$= \frac{\{\beta[V_a sin(\omega t)+U]+K_1[V_a\ sin(\omega t)+U]^2\}\{\beta\ sin(\omega t)-\omega cos(\omega t)\}}{\omega(\beta^2+\omega^2)}$$

(III.46)

Existe um coeficiente $K_1 = 0{,}75\rho_a\ /(r_l\times\rho_w)$. A amplitude de vibração de um ciclo para uma gota grande dentro de um fluxo ascendente com velocidade U tem uma forma:

$$Y_{lx} \approx \int_0^{\pi/\omega} V_{lx}(t)dt \approx \frac{\beta\ (V_a\pi/2+2U)+2K_1(V_a^2+U^2+V_a U\pi/2)}{\omega(\beta\ +\omega^2/\beta)}$$

(III.47)

Utilizando uma analogia com a equação (III.41), a fórmula seguinte descreve a interação de um ciclo de gotas grandes, r_l , e pequenas, r_s , através das mesmas fórmulas completas (III.47) para obter maior precisão:

$$Y_s(r_s,V_a,U)-Y_l(r_l,V_a,U) \approx Y_{cl}$$

(III.48)

Existem constantes $K_1 = K_l\ (r_l)$ ou $K_1\ = K_s\ (r_s)$ nas formas semelhantes para uma gota grande $r = r_l$ ou pequena $r = r_s$;

$$K_1 = K_l(r_l) = 0.75\rho_a\ /(\rho_w r_l) \qquad ,$$

$$\beta_l(r_l) = 9\pi\eta r\ /\{2\pi\rho_w r_l^3[1+2.25 r_l^{-1}\rho_w^{-1}\sqrt{\eta\rho_a\ /(\pi f)}]\} \quad \text{(III.49a)}$$

$$K_1 = K_s(r_s) = 0.75 \rho_a / (\rho_w r_s)$$,

$$\beta_s(r_s) = 9\pi\eta r / \left\{ 2\pi\rho_w r_s^3 \left[1 + 2.25 r_s^{-1} \rho_w^{-1} \sqrt{\eta\rho_a / (\pi f)} \right] \right\} \quad \text{(III.49b)}$$

Estas adições (III.49a-b) podem ser utilizadas com a fórmula da amplitude total (III.47) a introduzir em (III.48) para a reunião das gotas após x ciclos de vibração. A fórmula resultante (III.48) deve ter a forma seguinte na presença de velocidade do ar co-direcionada U e x ciclos vibratórios:

$$\{ Y_s(r_s, V_a, U) - Y_l(r_l, V_a, U) \} x \approx Y_{cl}$$

(III.50)

As equações (III.41-42) e as Figuras III.19 correspondem a $x = 1$ para o espetro de gotículas da nuvem. As soluções numéricas de acordo com a equação (III.50) para $x >$ 1 resultam na Figura III.20 para uma concentração de gotículas $N = 100$ cm^{-3} . Nas Figuras III.20a-d são apresentados vários exemplos de cálculos numéricos com diferentes números x e frequências acústicas. Assim, os deslocamentos vibratórios de muitos ciclos acumulam-se e cada ciclo aproxima-se da distância Y_{cl} com uma menor potência acústica aplicada. Note-se que a acumulação pode ocorrer numa nuvem estável, porque os parâmetros ambientais circundantes não devem ter muito tempo para mudar durante as aproximações de 2 gotas.

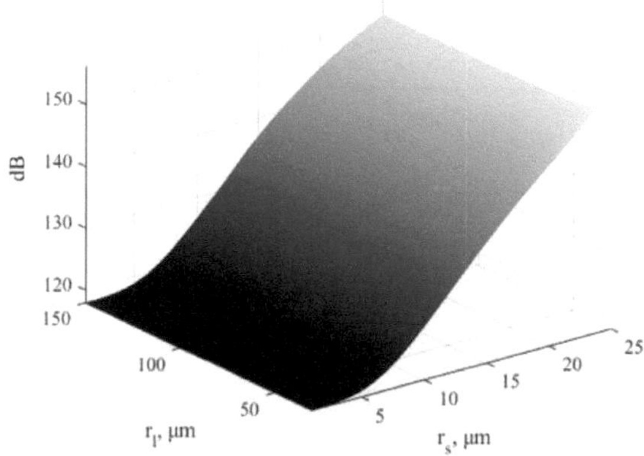

(a) $x = 20, f = 160$ Hz

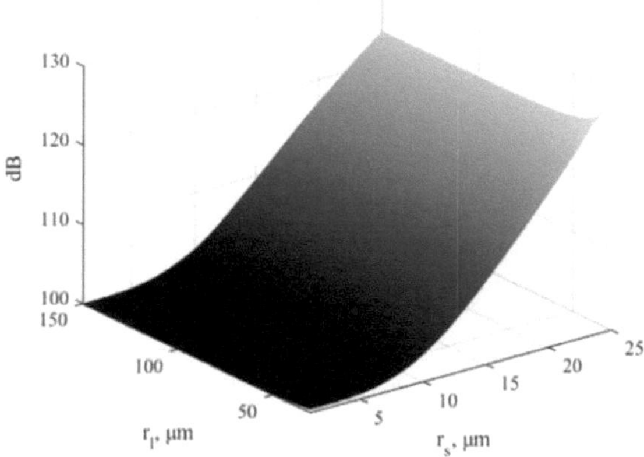

(b) $x = 80, f = 80$ Hz

Figura III.20. Intensidade acústica necessária em dB após x ciclos vibratórios para interação no interior do conjunto de gotículas $r = 1 - 150\mu$ m à frequência f, tempo afetado $t_x = x/f$ segundo; (a) $x = 20, f = 160$ Hz, $t_x = 0,125$ s; (b) $x = 80, f = 80$ Hz, $t_x = 1$ s;

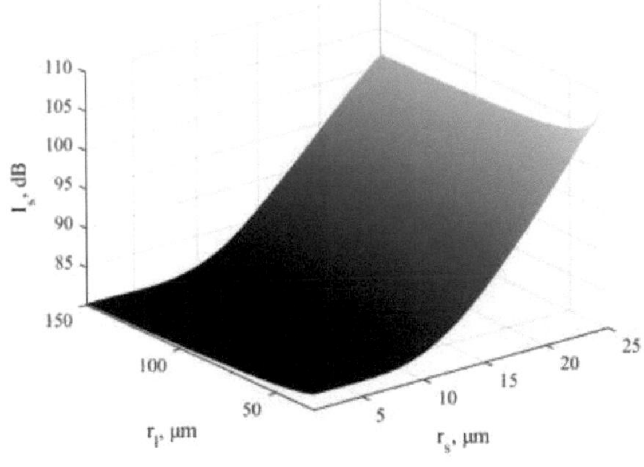

c) $x = 800, f = 80$ Hz

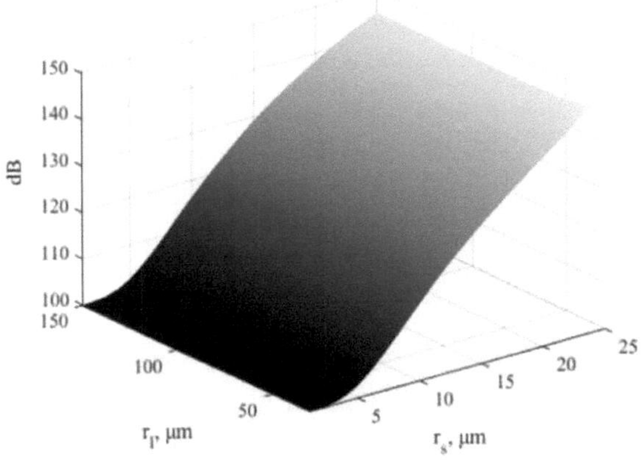

d) $x = 300, f = 300$ Hz

Figura III.20. (c) $x = 800, f = 80$ Hz, $t_x = 10$ s; (d) $x = 300, f = 300$ Hz, $t_x = 1$ s.

É possível observar uma redução confortável da intensidade acústica necessária para iniciar o processo de colisão em cerca de 100 dB na maioria dos casos, e envolvendo a gota média no espetro ($r = 5$ - 50μ m) com uma intensidade de cerca de 110 dB.

É importante estimar a potência acústica mínima em geral para reconhecer a influência do fluxo co-direcionado. Simplifiquemos a equação (III.50) apenas para as gotas mais pequenas e maiores. A amplitude da gota mais pequena corresponde à equação aproximada (III.44), mas a gota maior move-se lentamente com uma amplitude Y_l $(r_l , V_a , U) \to 0$. É o caso mais importante que corresponde ao início do processo de coalescência do conjunto de gotas. O resultado da equação inicial da coalescência no escoamento de ar co-direcionado com velocidade U e tendo em conta os muitos ciclos de vibração até à colisão tem a forma

$$\{V_a / \pi + U / 2\}x_s / f - Y_{cl} \approx 0$$

(III.51)

Cálculo da intensidade acústica mínima necessária utilizando as fórmulas (III.25), $I_s \approx V_a^2 \rho_a C_a / 2$, e (III.50) em $Y_{cl} = 1$ mm; os resultados são apresentados na figura III.21a em função do número de ciclos vibratórios $x_s = 1$ ou 8 da frequência acústica aplicada f, e do caudal ascendente de ar co-orientado U.

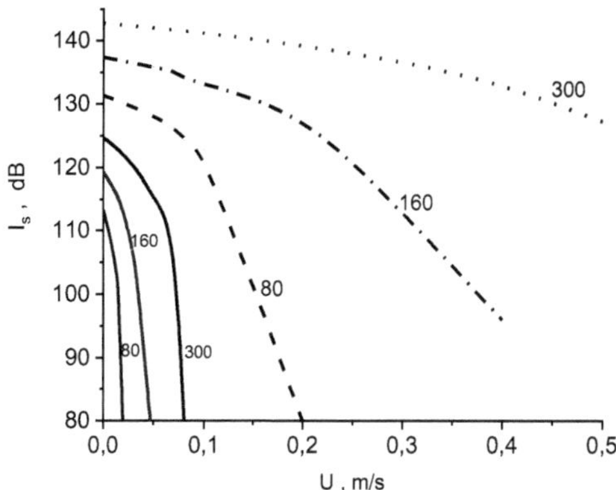

Figura III.21a. Intensidade acústica necessária I_s para iniciar as colisões em função da velocidade do fluxo de ar co-direcionado U em m/s; a frequência aplicada é f = 80, 160 ou 300 Hz, que é indicada nas curvas próximas; as curvas a tracejado correspondem a um ciclo de vibração $x_s = 1$; as curvas sólidas correspondem ao número de ciclos $x_s =$

8.

A fórmula (III.51) e o cálculo nas Figuras III.21a demonstram que a acústica diminui significativamente a intensidade cáustica necessária em qualquer frequência aplicada de 80 a 300 Hz. Todos os termos da equação (III.51) devem ter valores comparados para determinar a gama afectiva da velocidade U. De acordo com a Figura III.21a, a velocidade do fluxo de ar deve ser $U \geq 0,1$ m/s a $f = 300$ Hz e o tempo de tratamento adequado é $t_x = x_s /f = 0,027$ s, por exemplo, mas $U \approx 0,02$ m/s a $f = 80$ Hz e o tempo de tratamento adequado $t_x = x_s /f = 0,1$ s, por exemplo.

A tendência dos ciclos vibratórios óptimos pode ser calculada durante um primeiro termo pequeno e negligenciável na equação (III.51) em $V_a \to 0$. Os cálculos adequados são apresentados na Figura III.21b, que indica uma elevada sensibilidade do número de ciclos vibratórios a uma intensidade acústica pequena I_s $(V_a$) para qualquer frequência. Com base nos gráficos da Figura III.21b, é possível determinar o tempo de exposição acústica para satisfazer a equação (III.51) e, consequentemente, para iniciar o processo de colisões e fusões de gotículas na nuvem. Suponha que a velocidade vertical ascendente U é conhecida a partir de medições de radar e que a frequência acústica utilizada é conhecida, pelo que o valor adequado de x_s no eixo vertical indica o número necessário de ciclos vibratórios, o tempo de exposição necessário em segundos é $t_x = x_s /f$. Os gráficos da Figura III.21a demonstram que o número de ciclos $x_s = 8$ em vez de $x_s = 1$ pode diminuir significativamente a intensidade acústica necessária, até aos convenientes 80 - 90 dB.

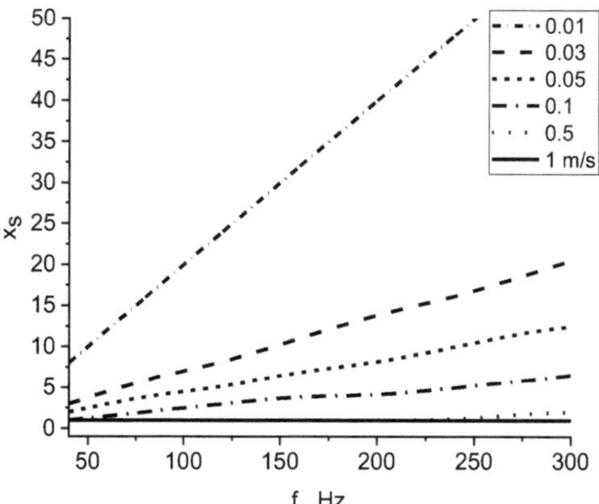

Figura III.21b. Número necessário de ciclos x_s de acordo com a frequência f com a menor intensidade acústica I_s e $V_a \to 0$; a gama de caudais de ar co-dirigidos é $U = 0{,}01 - 1$ m/s que é indicada para cada curva.

III.12 Combinação dos feixes laser e acústico

Considere 2 opções para fornecer fluxo ascendente diretamente dentro da nuvem que seja co-direcionado e coincidente com o feixe acústico.

A primeira opção está relacionada com um fluxo de ar aquecido perto do solo, que pode ser fornecido pelo aquecimento adicional dos ressonadores metálicos das sirenes, o método é descrito na parte I do presente livro.

A segunda forma é o aquecimento do feixe laser com propagação a partir do solo até à nuvem para estimular o aparecimento de fluxo de ar ascendente a qualquer altitude dentro da nuvem diretamente. Propõe-se a utilização do laser Er:YAG [136] com comprimento de onda de irradiação $\lambda = 2{,}94\mu$ m, o coeficiente de absorção adequado na água é muito elevado $\alpha_L \approx 10^6$ m^{-1} [137], ver Figura III.22.

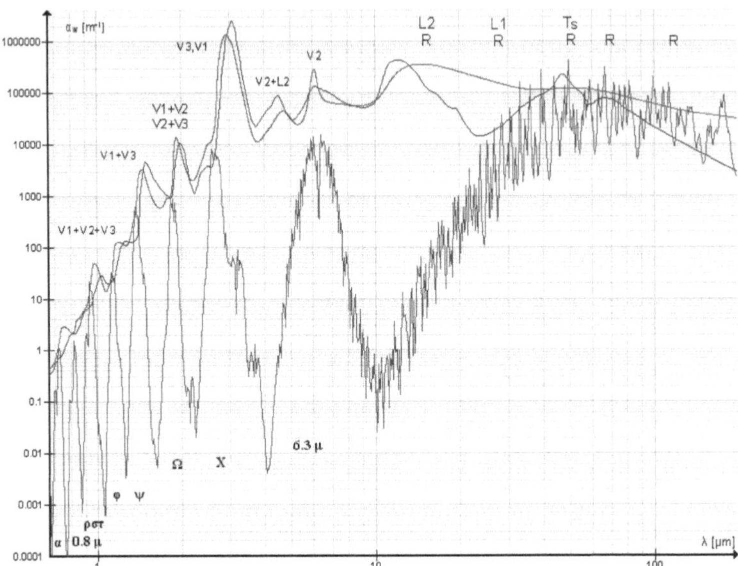

Figura III.22. Coeficientes de atenuação, ($\alpha_w\lambda$), dependem do comprimento de onda no espetro visível e infravermelho próximo; a linha em ziguezague mais baixa corresponde ao vapor de H_2O; a linha azul corresponde à água líquida, a linha vermelha mais alta corresponde ao gelo, [137].

Os parâmetros típicos do Er:YAG são: a energia de tração é de cerca de $Q_0 = 0,1 - 1$ J, pode ter $f_L = 10 \div 50$ impulsos por segundo. O valor típico da discrepância do feixe laser é o ângulo de alguns mili radianos; tomemos um ângulo $\theta_L = 0,001$ rad. O ângulo lateral do feixe laser é mais pequeno do que o do feixe acústico, pelo que ocupa uma área parcial do feixe acústico ou o laser pode fazer a varrimento dentro de uma área acústica maior. O raio do feixe laser $R_L(z) \approx z \times tg\theta_L \approx z \times \theta_L$ aumenta com a altitude z, dependendo do ângulo lateral do jato laser, θ. O ponto de irradiação laser na base da nuvem S_L *(z)* e a energia por unidade de superfície Q_{1L} *(z)* são os seguintes

$$S_L(z) \approx \pi\theta_L^2 z^2 \quad , Q_{1L}(z) \approx Q_0 / \left(\pi\theta_L^2 z^2\right)$$

(III.52)

Utilizando a energia inicial típica de um impulso laser $Q_0 \approx 0,1 \div 1$ J, suponhamos que a base das nuvens se encontra a uma altitude $z = 1000$ m, pelo que, a esta altitude, a área do laser tem uma energia média de até $Q_{IL} \approx 0{,}33$ J/m^2 . A atenuação do feixe laser diminui proporcionalmente à distância z na atmosfera, de acordo com a lei de Beer-Lambert [138]:

$$Q(\alpha, z) = Q_0 e^{-\alpha \times z}$$

(III.53)

A energia por impulso é aqui proposta Q_0 . Note-se que a atenuação durante a propagação na atmosfera para a irradiação do laser Er:YAG é negligenciável, devido à pequena porção ($\sim 0{,}04$ % em volume) de vapor de água e ao seu pequeno coeficiente de absorção $\alpha_a \sim 1$. Note-se que o vapor de água é o mais absorvente dos gases atmosféricos, os outros gases produzem uma atenuação menor do feixe laser no seu comprimento de onda. Por outro lado, a absorção do feixe laser na água aumenta proporcionalmente à distância $z = z_w$ e o coeficiente de absorçãoα no comprimento de onda da irradiação laser, de acordo com a seguinte fórmula [138]:

$$dQ \approx Q_0 \times \alpha \times z$$

(III.54a)

Podemos considerar que a energia laser inicial atinge as gotículas de água na base da nuvem a z = 1 km sem perdas, onde a energia $Q_{IL} = 0{,}33$ J/m^2 por 1 impulso ou Q_L $(t) = Q f_{IL} \times_L \approx$ $0{,}33 \times 50 \approx 16{,}67$ J/(m$^2 \times$ s) por segundo após $f_L = 50$ impulsos laser. A atenuação adicional da energia no interior das primeiras gotículas de nuvem depende da elevada $\alpha_L \approx 10^6$ m^{-1} e da distância z_w num meio aquoso. A absorção da irradiação laser no interior da gota de água da nuvem pode ser descrita da seguinte forma

$$dQ_{cl} \approx Q_L(t_L, f_L) \times \alpha_w \times z_w \approx \frac{Q_0}{\pi \theta^2 z^2} f_L t_L \alpha_w z_w$$

(III.54b)

O espetro típico das gotículas das nuvens inclui raios $r_{cl} = 1 = 50\mu$ m, pelo que toda a irradiação laser é completamente absorvida numa camada de gotículas, de acordo com

(III.54a). *O LWC* típico da nuvem = 1 g/m^3 , que é a soma da massa das gotículas em 1 m^3 da nuvem, pelo que a espessura da camada de água somada é de cerca de $z_w = 1\mu$ m = 10^{-6} m no interior do quadrado de 1 m^2 a 1 m^3 do fundo da nuvem. O resultado da potência laser absorvida por segundo é cerca de $dQ_{cl} \approx$ 16,67 W/m^2 que é gasta no aquecimento da gota para obter a temperatura adicional da gota dT_w de acordo com a fórmula:

$$dQ_{cl} \approx C_{pw}\rho_w U_w dT_w$$

(III.55)

Existe uma gota de nuvem de volume sumário $U_w = 10^{-6} \times LWC = z_{cl} \times$ 1m^2 = 10^{-6} m^3 por metro cúbico no ar da nuvem, então LWC = 1 g/m^3 ; a capacidade térmica específica da água é C_{pw} = 4,18 kJ/(kg K) eρ_w = 10^3 kg/m^3 . O aquecimento resultante do conteúdo de uma gota dentro do volume de ar U_a = 1 m^3 é:

$$dT_w \approx dQ_{cl} / \left(C_{pw}\rho_w U_w \right)$$

(III.56)

O aquecimento médio adicional das gotículas de água no interior de 1 metro de nuvem pelo laser Er:YAG é de cerca de $dT_w \approx 4°$ C/s por segundo de aquecimento do laser. As moléculas de ar à volta da gota de água aquecida são também aquecidas pela sua colisão até à temperatura do ar dT_a no volume de nuvem considerado para as gotas de ar U_a = 1 m^3 ;

$$dQ_{cl} \approx C_{pw}\rho_w U_w dT \approx C_p \rho_a U_a dT_a$$

(III.57a)

$$dT_a \approx dQ_{cl} / \left(C_p \rho_a U_a \right)$$

(III.57b)

Para o exemplo considerado, o aquecimento do ar é de cerca de $dT_a \approx$ 0,013° C/s durante o tempo de tratamento a laser t_L = 1 segundo ou $dT_a \approx$ 0,77° C/minuto, ou dT

$_a \approx 7{,}7°$ C durante $t_L = 10$ minutos de aquecimento a laser. O ar aquecido, dT_a, produz a alteração da densidade com a força de elevação de flutuação adequada para o ar no interior da nuvem, como se segue:

$$dp_a = \rho_a(T0) - \rho_a(T0 + dT_a) \approx \frac{PM}{R \times T0_K} - \frac{PM}{R \times T0_K(1 + dT_a/T0_K)}$$

$$\approx \frac{PM}{R \times T0_K} \times \frac{dT_a}{T0_K}$$

(III.58a)

$$d\rho_a \approx \rho_a(T0) \times \frac{dT_a}{T0_K}$$

(III.58b)

A temperatura inicial do ar nas nuvens é $T0_K$ em Kelvin e a densidade inicial do ar é ρ_a (T0) a esta temperatura, mas a densidade do ar após o aquecimento por laser é ρ_a $(T0+dT_a)$; a aceleração da gravidade é g. A força de empuxo, $F_{bu} = \Delta\rho_a \times$ g, eleva o ar aquecido devido ao efeito da diminuição da densidade do ar $\Delta\rho_a$; a força afetada durante o tempo aplicado t_L produz o impulso para o movimento, $\rho_a \times$ U, de uma unidade de massa de ar ρ_a . O aquecimento por laser produz um fluxo ascendente adicional com velocidade U m/s:

$$F_{bu} \times t_L \approx m_a \times U$$

(III.59a)

A massa de uma unidade de volume de ar é m_a , e a velocidade do fluxo ascendente é U. A velocidade do fluxo ascendente de ar resultante é

$$U \approx g \times d\rho_a(t_L)/\rho_a \approx \frac{Q_0 f_L t_L \alpha_w z_w}{\pi \theta_L z^2} \times \frac{g}{T0_K C_p \rho_a U_a}$$

(III.59b)

Tabela III.1. Cálculos da velocidade do fluxo ascendente no fundo da nuvem devido à irradiação do laser Er:YAG com $Q_0 = 1$ J/pulso e $f_L = 50$ pulsos/s; o tempo de aquecimento do laser é de 1 minuto.

T(0)° C; LWC g/m^3	0° C ; 1 g/m^3	0° C; 5 g/m^3	+10° C ; 1 g/m^3	+10° C; 5 g/m^3
, dT C_a °	0.7697349	3.8486745	0.7979149	3.9895743
$\Delta\rho_a$	0.00282	0.01410	0.00282	0.01410
U, m/s	0.021	0.107	0.022	0.111

São calculados vários exemplos com o algoritmo apresentado, depois a nuvem quente localiza-se a uma altitude com temperatura $T(0) = 0°$ C ou 10° C, por exemplo. Note-se que, no caso de $LWC = 5$ g/m^3 , o volume de ar ativo com a gota aquecida deve ser reduzido até $U_a = 1m^3$ /$LWC(g/m3)= 1/5 = 0,2$ m^3 para ser introduzido na equação (III.59b), porque apenas a camada mais fina (1/5 m) no fundo da nuvem absorve a mesma energia laser que no caso anterior de $LWC = 1$ g/m^3 . Os diferentes exemplos mencionados são calculados com as equações (III.57-59) e apresentados no Quadro III.1; são considerados diferentes casos à temperatura da nuvem $T(0) = 0°$ C = 273 K com densidade do arρ_a (T0) = 1,2929437 g/m^3 , ou à temperatura da nuvem $T(0) = 10°$ C = 283 K com densidade do arρ_a (T0) = 1,2472808 g/m^3 .

Os cálculos aproximados indicam um método prospetivo de aquecimento do fundo da nuvem com irradiação laser Er:YAG para obter um fluxo ascendente adicional diretamente no interior da nuvem. Esta forma pode aumentar significativamente a eficácia do método acústico para o aumento da precipitação e também estimular o crescimento da nuvem por laser para outros objectivos.

III.13. Concentração acústica por frequência, somatório de sirenes, difração

Consideremos a concentração da potência inicial irradiada pela sirene na área mais pequena *S(H)* à altitude atmosférica *H*. Tipicamente, o padrão de radiação da fonte acústica tem uma forma de vários lóbulos que podem ser ajustados até um com um máximo no seu ângulo vertical,γ_0 = 0, ver Figura III.23a. A maior parte da potência é emitida no interior do lóbulo central principal e entre os ângulos, ,$\pm\gamma_{0.7}$ o ângulo corresponde a 0,7 da amplitude do sinal ou a metade da potência. Dado que o raio do feixe acústico à altitude *H* é $R(H) \approx H \times tg(\gamma_{0.7})$, a potência emitida pela sirene perto do solo cairá através deste quadrado, $R\pi^2$ *(H)*. A área acústica coberta diminui rapidamente com o aumento da frequência de radiação até 300 Hz devido à diminuição do ângulo lateral. Assim, o aumento da frequência é a primeira possibilidade de concentração de energia na atmosfera, mas a amplitude das gotículas vibradas diminui. Note-se que a área acústica resultante a 1 km de altitude S_{1km} *(H)* é suficientemente elevada, porque esta área excede a área tratada para o aumento da precipitação na nuvem noutros métodos, por exemplo, através do tratamento com pó higroscópico ou jactos aquecidos, e este efeito acústico local é suficiente para a reorganização de toda a nuvem para precipitação. Este caso foi analisado a *f* = 40 - 300 Hz e apresentado na Tabela III.2,

A segunda opção consiste em utilizar várias sirenes, *n*, e então a potência resumida e a intensidade média aumentarão proporcionalmente. A terceira opção é o padrão de interferência utilizando várias fontes em fase, *n*, com a mesma frequência de emissão e irradiadas simultaneamente para ter a mesma fase de onda, ver Figura III.23b. No caso de localização periódica de fontes acústicas em fase, as franjas de interferência alternadas aumentam a intensidade máxima em n^2 vezes; essa potência adicional é concentrada periodicamente a partir de áreas vizinhas onde a intensidade é proporcionalmente reduzida a zero. A figura III.23b mostra *n* emissores acústicos idênticos situados equidistantemente à distância *d* entre os seus centros ou bordos.

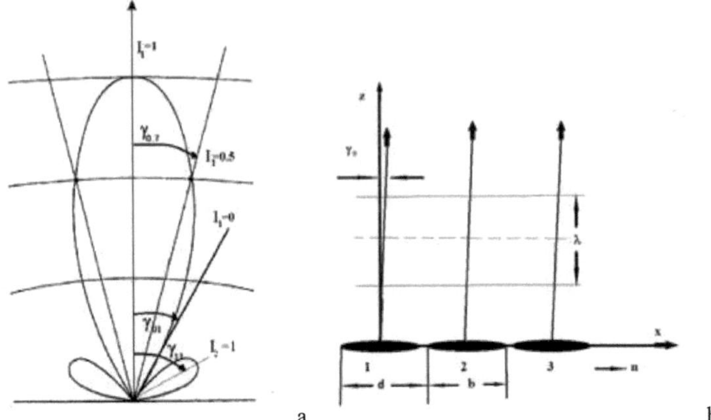

Figura III.23a. Padrão direcional da potência acústica radiada em coordenadas polares, com potência máxima normalizada no centro do lóbulo $I_1 = 1$ na direção vertical, e I_1 = 0,5 no ângulo lateral$\gamma_{0.7}$; o $I_1 = 0$ corresponde ao nível zero para um primeiro lóbulo, mas o $I_2 = 1$ corresponde ao máximo no lóbulo lateral.

(b) Princípio de interferência para n fontes acústicas em fase com frente de onda comum, a periodicidade de localização do emissor é d, mas o diâmetro da sirene é b.

O ângulo lateral do lóbulo principal para a placa circular [139-142] pode ser calculado de acordo com a fórmula $\gamma_{0.7} \approx 41$ /b°$\lambda \approx 0.71558 \times \lambda$ /b tendo em conta o diâmetro de saída da sirene $b = 3.2$ m:

$$\gamma_{0.7} \approx \frac{0.716}{b} \times \frac{C_a}{f}$$

(III.60)

Os cálculos do ângulo$\gamma_{0.7}$ com o aumento da frequência são apresentados na coluna 5th da Tabela III.2. Vamos aumentar hipoteticamente a frequência em comparação com os 80 Hz iniciais nas experiências, ver a intensidade inicial nas Figuras III.9b ou III.10b, por exemplo. O número inicial de ar que entra na campânula por segundo aumentará com a frequência f, que é introduzida na equação (III.61), e ainda mais pela multiplicação do coeficiente $f/80$, que corresponde à quantidade total de ar que atinge a campânula mais frequentemente para $f > 80$ Hz. Tomemos a intensidade acústica inicial perto do solo $I_{ex} \approx 1$ W/m^2 que foi obtida por uma sirene numa série de experiências a $f \approx 80$ Hz. À medida que a frequência aumenta, este valor aumenta:

$$I_{s0}(f) = \frac{f}{80} \times I_{ex}(f)$$

(III.61)

A fórmula (III.61) foi utilizada para calcular todos os dados da Tabela III.2, com exceção da linha superior com $f = 40$ Hz, onde foi utilizado o valor $I_{ex} \approx 1,6$ W/m^2 obtido na experiência, ver Figuras III.14b ou 15b, por exemplo. O cálculo da potência acústica de saída por multiplicação ao quadrado inicial da corneta junto ao solo $S = b_0$ $\pi^2 \approx$ /48.0 m^2 é efectuado, sendo a potência acústica inicial de saída adequada:

$$Q_0(f) \approx I_{s0}(f) \times S_0 \approx I_{ex}(f) \frac{f}{80} \pi b^2 / 4$$

(III.62)

Aqui, os valores I_{s0} e Q_0 são calculados de acordo com (III.61-62) e apresentados nas colunas 3^d e 4th da Tabela III.2 para as frequências correspondentes na primeira coluna. Consideremos a intensidade acústica em altitude, por exemplo $H = 1$ km, que pode ser alcançada com base nos cálculos e de acordo com os dados da Tabela III.2. A potência de saída da sirene é aproximadamente distribuída a uma altura $z = H$ dentro dos ângulos $0 \div \gamma_{0.7}$, ver Figura III.23a. A maior parte da potência acústica emitida deve passar pela área do segmento esférico com o raio H_1 e o ângulo do segmento $\gamma_{0.7}$ cuja superfície é

$$S_1 \approx 2\pi H_1^2 (1 - \cos\gamma_{0.7})$$

(III.63)

A fórmula (III.63) apresenta o quadrado acústico em m^2 e indicado na coluna 6th da Tabela III.2, excluindo o caso para $f = 40$ Hz onde a semi-esfera irradiada $S_1 = 2H\pi_1^2$.

A fórmula final indica como a intensidade inicial Q_0 (f) emitida perto do solo por cada buzina de sirene é distribuída na nova superfície S_{1km} a uma altitude $H_1 = 1$ km, como segue:

$$I_{1km}(H_1) \approx Q_0(f)/S_{1km} \approx \frac{f}{80}I_{s0}(f)\frac{b^2}{4}\left[H_1 \times tg\gamma_{0.7}(f)\right]^{-2}$$

(III.64)

Desprezar as perdas por atenuação atmosférica para uma acústica de baixa frequência. A intensidade acústica é calculada através de (III.64) à altitude $H_1 = 1000$ m e apresentada em 7th e 8th na coluna do Quadro III.2, em W/m^2 ou dB, respetivamente.

Tabela III.2. A potência inicial de saída Q_0 (f,R_0) e a intensidade I_{s0} da sirene perto do solo e valores apropriados à altitude $H = 1$ km, I_{1km} em W/m^2 ou dB dependendo da frequência, f, comprimento de ondaλ , e ângulo lateral $\gamma_{0.7}$

Hz, f	λ, m	I_{s0} , W/m^2	Q_0 , W	$\gamma_{0.7}$	S_1 , m^2	I W/m$_{1km,}$ $_2$	$I_{1km,}$ dB
40	8.25	$I_{ex} \approx 1.6$	6.43	$\pi/2$	6.28×10^6	$1,025 \times 10^{-6}$	60.1
80	4.1	1	8.04	0.922	$2,49 \times 10^6$	3.23×10^{-6}	65.1
160	2.06	2	16.09	0.461	$6,57 \times 10^5$	$2,45 \times 10^{-5}$	73.9
200	1.65	2.5	20.11	0.369	4.23×10^5	$4,76 \times 10^{-5}$	76.8
300	1.1	3.75	30.16	0.246	$1,98 \times 10^5$	$1,60 \times 10^{-4}$	82

O aumento da frequência melhora a intensidade acústica no interior da atmosfera, mas não permite obter vibrações durante um ciclo, mesmo das gotas mais pequenas, após comparação com os dados das Figuras III.17-18. Esta opção deve ser combinada com outros métodos para obter a intensidade acústica necessária para a colisão das gotas.

Consideremos um número de sirenes, n = 1, 4 ou mais. A soma das intensidades resultantes das n sirenes idênticas, I_n , é aumentada perto do solo em n em comparação com a intensidade média anterior I_{s0} .

$$I_n(H_1) = n \times I_{s0}(H_1)$$

(III.65)

O ângulo lateral e a superfície irradiada à altitude $H = 1$ km são os mesmos e podem ser calculados de acordo com as fórmulas (III.60) e (III.63). A fórmula final dá uma intensidade média a 1 km de altitude, I_{1km} , como se segue:

$$I_{1km}(H_1) \approx n\, Q_0(f)/S_1$$

(III.65)

Os dados anteriores do Quadro III.2 para a intensidade inicial de um sirene Q_0 (f) são utilizados para os cálculos da equação (III.65); os resultados são apresentados em cada célula do Quadro III.3 para a intensidade acústica resumida a $H = 1$ km.

Tabela III.3. Intensidade acústica máxima do número de sirenes, $n = 4, 7, 16$ ou 25 a f = 40 - 300 Hz à altitude $H = 1$ km; cada célula indica o resultado da intensidade acústica I_n em W/m^2 e em dB segundo a fórmula (III.65).

N	4	7	16	25
I_n^{40Hz} , W/m^2	4.1×10^{-6}	7.17×10^{-6}	$1{,}64 \times 10^{-5}$	$2{,}56 \times 10^{-5}$
I_n^{40Hz} , dB	66.1	68.6	72.1	74.1
I_n^{80Hz} , W/m^2	1.23×10^{-5}	2.26×10^{-5}	5.17×10^{-5}	8.08×10^{-5}
I_n^{80Hz} , dB	71.1	73.5	77.1	79.1
I_n^{160Hz} , W/m^2	1×10^{-4}	$1{,}72 \times 10^{-4}$	$3{,}92 \times 10^{-4}$	$6{,}13 \times 10^{-4}$
I_n^{160Hz} , dB	80	82.3	85.9	88

I_n^{200Hz} , W/m²	1.9×10^{-4}	$3,33\times 10^{-4}$	$7,61\times 10^{-4}$	0.001
I_n^{200Hz} , dB	82.8	85.2	88.8	90.8
I_n^{300Hz} , W/m²	$6,38\times 10^{-4}$	0.001	0.003	0.004
I_n^{300Hz} , dB	88.1	90.5	94.1	96

O quadro III.3 indica que a intensidade sonora necessária, superior a 80 dB, pode ser atingida para $f \geq$ 160 Hz com $n = 4$ ou mais, sendo este nível de intensidade suficiente para a opção municiclo de colisão durante as vibrações.

A otimização seguinte é a criação de um padrão de interferência usando várias sirenes em fase, n, com a mesma frequência de emissão e frente comum de onda irradiada na área de irradiação. A interferência das ondas é um princípio fundamental que é possível para as ondas acústicas durante a sua organização correta. Note-se que existem dois emissores em fase:

$$P_1 = P_2 = P_1 \sin\left[(kx - \omega t) + \delta\right], \delta = k \times \Delta x = 2\pi\Delta x / \lambda$$

(III.66)

A intensidade do resultado de duas sirenes em fase então $\delta = 2\pi n$, $n = 0,1...$ é

$$I_2 = (P_1 + P_2)^2 = P_1^2 + P_1^2 + 2P_1P_1 \cos\delta = 4 \times P_1^2$$

(III.67)

A intensidade dos picos das n sirenes idênticas em fase, I_n , é aumentada em n^2 :

$$I_n = n^2 \times I_{s0}$$

(III.68)

O fator de directividade é normalmente utilizado para descrever o estreitamento angular do lóbulo central irradiado. O fator de directividade da radiação [139-142] para a amplitude de n elementos em fase é calculado da seguinte forma

$$F(\gamma) = \frac{sin(n\beta)}{n \times sin\,\beta}$$

(III.69)

Tendo em conta o diâmetro de cada sirene b, a fórmula do fator de direccionalidade é alterada [143] para a seguinte:

$$F_{db} \approx \frac{sin[\pi b(sin\,\gamma)/\lambda]}{\pi b(sin\,\gamma)/\lambda} \times \frac{sin[n\pi d(sin\,\gamma)/\lambda]}{n \times sin[\pi d(sin\,\gamma)/\lambda]}$$

(III.70)

O primeiro termo descreve o diâmetro do emissor b, mas d é a distância entre os centros dos emissores durante a sua localização numa linha. A melhor localização da sirene é $b = d$ e é mostrada na Figura III.23b; existe o cofatorβ para uma irradiação vertical do feixe com $sin\gamma_0 = 0$:

$$\beta = kd(sin\,\gamma - sin\,\gamma_0) = 2\pi d(sin\,\gamma - sin\,\gamma_0)/\lambda = 2\pi df(sin\,\gamma)/C_a$$

(III.71)

O ângulo menor do lóbulo lateral para os emissores acústicos em fase pode ser calculado através da fórmula seguinte em vez da anterior (III.60). Introduz-se um comprimento de grelha, $l = n \times b$, que é o comprimento da linha, l, ocupada pelas sirenes em fase:

$$\gamma_{0.7}^1 \approx 0.716 \times \frac{\lambda}{l} \approx \frac{0.716 C_a}{fbn}$$

(III.72)

Os emissores acústicos serão recolhidos na forma de um semi-plano perpendicular à direção da linha da sirene com o ângulo do lóbulo lateral a diminuir devido à interferência. A potência acústica também aumenta na zona de interferência n $Q{\sim}^2{}_0$ de acordo com (III.68). Por outro lado, se as sirenes forem dispostas em forma de quadrado preenchido simetricamente, é possível recolher a potência ao longo das superfícies horizontal e perpendicular. Neste caso, cada lado do quadrado contém n_2 = $\sqrt{n}$ emissor. Por exemplo, vamos colocar as n = 4 fontes acústicas num quadrado com n_2 = 2 emissores em cada lado do quadrado. A potência acústica recolhida é $\sim n\,Q^2_0$ ou $n\,Q_2{}^4_0$ que é a mesma. O estreitamento do ângulo lateral para o lóbulo irradiado de um quadrado de emissores em fase tem a seguinte fórmula:

$$\gamma_{0.7}^{(2)} \approx 0.716 \times \frac{\lambda}{b \times n_2} \approx \frac{73.79}{f \times n_2}$$

(III.73)

Por exemplo, uma opção indica a interferência acústica de um grupo de sirenes em fase que pode ser realizada eficazmente com emissores acústicos colocados em drones para voar diretamente dentro da nuvem. A construção da sirene pode ser alterada para um tubo ou corda mais simples, com vibração em frequência ressonante. Além disso, as fontes sonoras podem ser fabricadas em metal sob a forma de um diapasão e fixadas nos drones, ver Figura III.24.

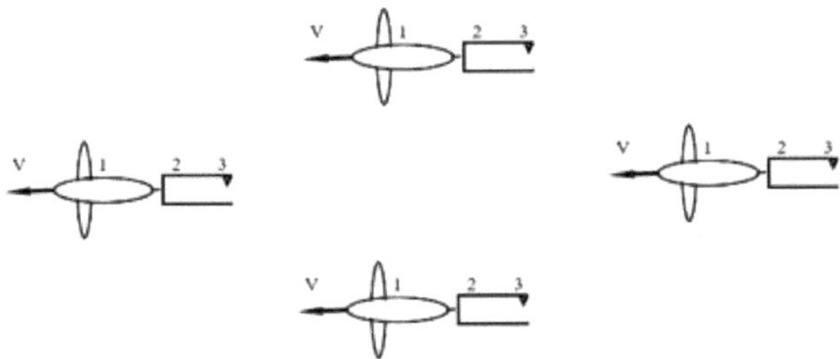

Figura III.24. Grupo de drones no interior da nuvem com emissores acústicos em fase; V- velocidade e direção de voo, 1- drone, 2-calça vibratória, 3- eletroíman para estimulação vibratória.

O comprimento dos raios do diapasão é selecionado de acordo com o comprimento de onda do som necessário, mas também na gama de baixas frequências para obter amplitudes de vibração elevadas das gotas. No interior de um dos raios do diapasão (n.º 2), pode ser colocado um pequeno íman elétrico (n.º 3), que se liga a partir de um sinal do solo, de modo a que um raio do diapasão atinja outro raio para iniciar a vibração em todos os emissores em fase.

Os cálculos foram feitos com a ajuda do fator F dentro do primeiro lóbulo e dos lóbulos superiores para comparar a potência apropriada nos mesmos, $\xi \approx \int_{0}^{\gamma_{01}} F^2 d\gamma \, / \int_{\gamma_{01}}^{\pi/2} F^2 d\gamma$.

Esta relação da potência acústica no primeiro lóbulo ou nos lóbulos seguintes indica as perdas no lóbulo principal, que não excedem 0,5 dB com a mudança de frequência $f = 80 - 300$ Hz. A análise proposta e os cálculos aproximados indicam que as séries de sirenes em fase podem aumentar significativamente a concentração da potência acústica e também aumentar a intensidade no ponto central da atmosfera em qualquer altitude das nuvens.

III.14. Conclusões da parte III

Os algoritmos propostos descrevem e optimizam a potência acústica com baixa frequência no interior de nuvens reais para obter um aumento da precipitação. Uma das principais vantagens do método é indicada e ilustrada na Figura 1, porque as perdas sonoras fundamentais são negligenciáveis e pequenas na frequência $f = 40 - 300$ Hz. A análise foi efectuada para os parâmetros acústicos com a concordância do conjunto de gotículas nas nuvens; opções óptimas para o impacto em diferentes tipos de nuvens, que correspondem a nuvens marinhas ou continentais. As fórmulas de base foram optimizadas para as interações acústicas e entre nuvens. A intensidade acústica a uma altitude de cerca de 1 km foi calculada para frequências de 40 Hz e até 300 Hz; não se recomenda um aumento adicional da frequência porque não proporciona uma amplitude suficiente da gota durante a vibração, de acordo com a análise e os cálculos apresentados. Está provado que os fluxos de ar ascendentes semanais adicionais na atmosfera real podem estimular significativamente as colisões de gotículas. Os cálculos indicam um aquecimento laser prospetivo do fundo da nuvem (no comprimento de onda $\lambda \approx 3\mu$ m) para obter um fluxo ascendente adicional diretamente dentro da nuvem. Esta aplicação do laser em conjunto com a acústica de baixa frequência pode ser muito eficaz para aumentar a precipitação.

As experiências são apresentadas para as sirenes acústicas optimizadas utilizando o ressonador de forma Bessel, que foi aplicado com sucesso para obter uma seleção de frequência eficaz até algumas frequências múltiplas dentro do espetro da sirene de saída. A filtragem espetral é necessária para a colisão das gotículas para evitar o seu movimento caótico.

O método acústico proposto pode ser aplicado para uma precipitação abundante fiável numa área/tempo desejável em diferentes condições meteorológicas.

Agradecimentos

Os autores agradecem ao académico chinês Guangqian Wang e ao professor russo Lev H. Ingel o estímulo ao trabalho, a ajuda e as discussões úteis.

Referências

1. *Conferência das Nações Unidas sobre a Água de 2023*, 22-24 de março de 2023, Nações Unidas, Nova Iorque. https://www.unwater.org/publications/un-world-water-development-report

2. *XIX Congresso Meteorológico Mundial (Cg-19)*, OMM, 2023, Genebra, Suíça, 22 de maio - 23 de junho de 2023. https://wmo.int/about-wmo/governance/world-meteorological-congress

3. ICCP 2024: 18. *Conferência Internacional sobre Nuvens e Precipitação*, 20-21 de maio de 2024, Belgrado, Sérvia. https://waset.org/clouds-and-precipitation-conference-in-may-2024-in-belgrade

4. Imprensa académica nacional, 2007. *NOAA's Role in Space-Based Global Precipitation Estimation and Application (O papel da NOAA na estimativa e aplicação da precipitação global com base no espaço)*. Washington DC, EUA. DOI 10.17226/11724

5. *1º Workshop Internacional sobre o Ciclo Global da Água e a Pesquisa do Rio Céu*. 1-3 de julho de 2019, Universidade de Tsinghua, Pequim, China. https://www.aconf.org/conf_158950.html

6. Wang G Q, Zhong D Y, Li T J, et al., 2016. Sky River: Descoberta, conceito e implicações para a investigação futura (em chinês). *Sci Si n Tech*, **46**, 649-656

7. Dennis A.S., 1980. *Weather modification by cloud seeding*. Academic Press, Nova Iorque, EUA.

8. Korneev V.P., Shchukin G.G., Kim N.S., et al., 2019. *Regulação artificial da precipitação e dispersão de nevoeiro*. Impressão verde, Moscovo, Rússia, 300 p

9. Rogers R.R., 1970. *A short course of cloud physics*. Pergamon press, Oxford, Reino Unido.

10. Bruintjes R.T., 1999. A review of cloud seeding experiments to enhance precipitation and some new prospects, *Bul.Am.Met.Sci.*, **80**, 805-820.

11. Drofa, A.S. et al. 2006. Formação da microestrutura das nuvens: o papel das partículas higroscópicas, *Izvestiya. Física atmosférica e oceânica*, **42**, 355-366.

12. Tessendorf S.A., Bruintjes R.T. et.al., 2012. O programa de investigação de sementeira de nuvens de Queensland, *Bul.Am.Met.Sci.*, **93**, 74-90. DOI: 10.1175/BAMS-D-12-00060.1

13. Hiron, T. e Flossmann A., 1015. A Study of the Role of the Parameterization of Heterogeneous Ice Nucleation for the Modeling of Microphysics and Precipitation of a Convective Cloud. *J. Atmos. Sci.*, 2015, **72**, 3322-3339. doi: http://dx.doi.org/10.1175/JAS-D-15-0026.1

14. Zhekamukhov M. K. e Abshaev A. M., 2012. Dispersão de Reagentes de Cristalização pelo Método de Detonação. *Rus. Meteorologia e Hidrologia*, **37** (7) (Parte I) 36-46; **37** (8) (Parte II) 58-68; **37** (9) (Parte III) 529-536. DOI: 10.3103/S1068373912080043

15. Dinevich L., Ingel L., Khain A., 2013. Avaliação de partículas formadoras de gelo do gerador de solo. *Modern High Technologies,* N.**2**, 15-25. https://www.researchgate.net/publication/298789831

16. Tulaikova T., Amirova S., Michtchenko A., 2016. Modelo Microfísico para Partículas Glaciogénicas em Nuvens para Aumento da Precipitação. *Revista Americana de Proteção Ambiental. Edição especial: Novas tecnologias e abordagens de geoengenharia para o clima.* **5**, N. 3-1, 10-16. doi: 10.11648/j.ajep.s.2016050301

17. Shmeter, S.M. e G.P. Beryulev, 2005. Eficiência da modificação de nuvens e precipitação com aerossóis higroscópicos. *Rus. Meteorologia e Hidrologia*. N.**2**, 43-60.

18. Mednikov A.P., 2013. *Coagulação acústica e precipitação de aerossóis.* Springer-Verlag, Nova Iorque Inc., 180p.

19. Shi Y., Wei J., 2019. Simulação de elementos discretos de aglomeração acústica de partículas de aerossol. *2º Workshop Internacional sobre Ciclo Global da Água e Pesquisa do Rio Céu.* 1-3 de julho de 2019, Universidade de Tsinghua, Pequim, China.

20. Tulaikova T., Michtchenko A., Amirova S., 2010. *Chuvas acústicas*. Physmathbook, Moscovo, Rússia, 143p.

21. Wei J., Qiu J., Li T, et al. 2021. Interferência de nuvens e precipitação por fortes ondas sonoras de baixa frequência. *Sci. Chin. Tech. Sci.*, **64**, 261-272. https://doi.org/10.1007/s11431-019-1564-9

22. Wei Jiahua, Li Tiejia, Tulaykova T., et al. 2021. A modificação do fluxo térmico atmosférico para obter aquecimento de alta altitude com elevação adicional. *Science Intensive Technology*, **22** (6), 25-36. https://doi.org/10.18127/j19998465-202106-03

23. Wei Jiahua, Li Tiejian, Tulaikova Tamara, Amirova Svetlana, et al. 2022 A combinação de jactos térmicos de baixa potência com ondas acústicas para aumentar a precipitação nas nuvens. *Science Intensive Technology*, 2022, **23** (7), 10-20. https://doi.org/10.18127/j19998465-202207-02

24. Wei Jiahua, Li Tiejian, Tulaikova Tamara, et al. O método para calcular a distribuição do pó no interior do jato térmico artificial para aumentar a precipitação na atmosfera. *Ciência e Tecnologia Intensiva*, 2023, **24** (3), 31-43 https://doi.org/10.18127/j19998465-202301-04

25. Tulaikova T.V., Li Tiejian, Wei J. Parâmetros acústicos para obter o aumento da precipitação no interior das nuvens atmosféricas. *Tecnologias intensivas em ciência*. 2020, **21** (5), 46-60.

26. (a) Hartman J., 1939. The acoustic air-jet generator, *Ingenirovidenskabelige skrifter*, **4**(1), 35-49; (b) Gavreau V., 1968. Infrasound, *Sci. J.,* **4**, 33-37; (c) Richardson E.G., 1952. Behavior of aerosols in fog and turbulent fields (Comportamento de aerossóis em nevoeiro e campos turbulentos). *Acoustics*, **2**, 141-147.

27. Fuchs N.A. *The Mechanics of Aerosols (A Mecânica dos Aerossóis)*. Pergamon, Nova Iorque, 1989.

28. Bai W., Shi Y., Zhao Z. e Wei J,. 2022. Investigação das caraterísticas de resposta crítica

de microgotas sob a ação de ondas acústicas de baixa frequência. *Front. Environ. Sci.* **10**, 972648. doi: 10.3389/fenvs.2022.972648

29. Bai W., Wei J., Shi Y., et al., 2021. Caraterísticas Microfísicas e Efeitos Isotópicos Ambientais dos Grupos de Micro-Gotas sob a Ação de Ondas Acústicas. *Atmosfera* **12** (11), 1488. DOI: 10.3390/atmos12111488

30. Tulaikova T., Amirova S. 2015. Método e dispositivo acústico para aumentar a precipitação dentro de nuvens naturais. *Descoberta da ciência. Edição especial: Novas ideias técnicas para a recuperação do clima.* **3**, (2-1), 18-25. doi: 10.11648/j.sd.s.2015030201.13

31. Reist, P.C., 1984. *Introduction to aerosol science.* Macmillan Publishing Company, Now-York- London.

32. Vulfson N.I., Levin L.M., 1987. *Meteotron como um meio de influenciar a atmosfera.* Hydrometeoizdat, Moscovo, Rússia, 130p.

33. Andreev V., Panchev S., 1975. *Dinâmica das térmicas atmosféricas.* Hydrometeoizdat, Leningrado, Rússia.

34. Monin A. S., Yaglom A. M., 1975. *Statistical Fluid Mechanics, Volume II Mechanics of Turbulence.* Massachusess Inc. of Technol, USA, 680p.; Monin A.S., Obukhov A.M., 1954. As principais relações da mistura turbulenta na camada atmosférica inferior. GEOFIAN-press, Moscovo, N.24, 163-187.

35. Ingel L.Kh., 2008. A teoria dos jactos convectivos ascendentes. *Izvestiya, Física Atmosférica e Oceânica,* **44** (2), 167-174. DOI: 10.1134/S0001433808020047

36. Khain A., Pokrovsky A., Pinsky M et al., 2004. Simulação dos efeitos dos aerossóis atmosféricos em nuvens convectivas turbulentas profundas utilizando um modelo de nuvens cumulus de fase mista de microfísica espetral. Parte I: Descrição do modelo e possíveis aplicações. *J. Atmos. Sci.,* **61**, 2963-2982. DOI: 10.1175/JAS-3350.1

37. Pinsky M. & Khain. A., 2019. Análise teórica do processo de mistura de entrada nos limites das nuvens. Parte II: Movimento da interface da nuvem. *J. Atmos. Sci.,* **76**, 2599-

2616 . DOI: 10.1175/JAS-D-18-0314.1

38. Ma F.X., Li C.W., 2001. Simulação numérica 3D de descarga ambiente de água flutuante. App Mathem. Mod., **25** (5), 375-384.

39. Alhuril Y., Benkhaldoun F., Ouazar D., Seaid M. e Ahmed Taik A., 2016. Um método sem malha para simulação numérica de fluxos de turbulência com média de profundidade usando um modelo k-ε . *Int. J. Numer. Meth. Fluids*, **80**, 3-22. DOI: 10.1002/fld

40. Dessens, H. & Dessens, J.6 1964. Expériences avec le meteotrone an Centre de Recherches atmospheriques. J. *Rech. Atm.,* **1**, 158-162.

41. Dessens, H. Un centre international de physique des nubes a Kuba. J. Rech. Atm. 4, 173-174 (1965).

42. Benech, B., 1976. Estudo experimental de uma pluma convectiva artificial iniciada a partir do solo. *J. Appl. Meteorol.* **15** (2), 127-137.

43. Kuznetsov, A. A. & Konopasov, N. G., 2014. *O Meteotrão*. Livro n.º 1. Complexo de Investigação 167 (Editora da Universidade Estatal de Vladimir) Rússia.

44. Kuznetsov, A. A. & Konopasov, N. G, 2015. *Memeteotron. Livro n.º 2. Experiências. Observações. Avaliações. Registos*. Editora da Universidade Estatal de Vladimir, Rússia, 232.

45. Abshaev, M. T. et al., 2020. Investigando a viabilidade da criação de nuvens convectivas artificiais. *Atmos. Res.* **243**, 104998.

46. Abshaev M.T., Abshaev A.M., Askenov A.A. et al., 2022. Simulação CFD de correntes ascendentes iniciadas por um jato dirigido verticalmente alimentado pelo calor da condensação do vapor de água. *Nature Scientific Reports*, **12**, 9356 , https://doi.org/10.1038/s41598-022-13185-2

47. Kessler F., 1969. Sobre a distribuição e continuidade da substância água nas circulações atmosféricas. *Monografias Meteorológicas*, **10** (32), 84.

48. *Inner Mongolia North Security Civil Explosive Equipment*, Co., Ltd. Acusada em 22 de julho de 2023, https://imnhigcl.en.china.cn

49. Peng W., Bao S., Yabg A., Wei J., 2022. Algoritmo de Estimativa de Precipitação Quantitativa de Radar Baseado na Classificação de Precipitação e na Relação Dinâmica Z-R. *Água* **14** (21), 3436. DOI: 10.3390/w14213436

50. *Programa de Vigilância Global da Atmosfera da OMM*. WMO. Relatório GAW n.º 228 (Plano 2016-2023); Boletim da OMM sobre gases com efeito de estufa (Boletim GHG) n.º **12**, & n.º 123. https://public.wmo.int/en/programmes/global-atmosphere-watch-programme

51. Galway J.G., 1956. O índice levantado como um preditor de instabilidade latente. *Bul. American Met. Sc*, **37** (10), 528-529.

52. *Índice de estabilidade. Glossário*. Acedido em outubro de 2023. https://glossary.ametsoc.org/wiki/Stability_index

53. Parâmetros e índices das estações de sondagem. Acedido em outubro de 2023. https://weather.uwyo.edu/upperair/indices.html

54. *Página sobre meteorologia e aviação - Calculadora do índice de totais totais*. Acedido em outubro de 2023. https://www.skystef.be/calculator-totaltotalsindex.htm

55. Organização de investigação e produção "Atmospheric technology". *Perfiladores de temperatura MTP-5*. Acedido em outubro de 2023. http://attex.net/EN/mtp5.php

56. Estabilidade atmosférica. Acedido em outubro de 2023. http://www.atmos.albany.edu/facstaff/landin/f211/Ch5-Stability.html

57. Jursa, A.S. ed. 1985. *Handbook of Geophysics and the Space Environment*, UA Air Force Geophysics Laboratory, EUA, 1985. Web. Número(s) do(s) relatório(s): AD-A-167000/9/XAB; AFGL-TR-85-0315 https://www.osti.gov/biblio/5572212-handbook-geophysics-space-environment-edition-final

58. Kopp, G.; Lean, J. L., 2011. Um novo e mais baixo valor da irradiância solar total: Evidence and climate significance. *Geophysical Research Letters*, **38**, 1. https://doi.org/10.1029/2010GL045777

59. Wu F., Fu C., 2011. Avaliação do conjunto de dados mensais de radiação global GEWEX/SRB versão 3.0 sobre a China. *Meteorol Atmos Phys.* **112**, 155-166. DOI 10.1007/s00703-011-0136-x

60. Calculadora online. *Azimute e altura do sol acima do horizonte.* Acedido em 2020, 3 de junho. https://planetcalc.ru/4270/

61. Schlyter, P. *Computing planetary positions - a tutorial with worked examples.* Página inicial de Paul Schlyter, Estocolmo, Suécia, Acedido em 2020, 2 de maio. https://planetcalc.ru/320/

62. Landsberg G. S., 2003. *Ótica.* Physmatlit, Moscovo, Rússia, 846p.

63. Gorsky V. V., Pugach M. A, 2018. Troca de calor laminar/turbulenta na superfície de um hemisfério por um fluxo de ar supersónico. Notas científicas de TsAGI, **XL** (6), 36-42. https://cyberleninka.ru/article/n/laminarno-turbulentnyy-teploobmen-na-poverhnosti-polusfery-obtekaemoy-sverhzvukovym-potokom-vozduha

64. Slade David. 1968. *Meteorology and atomic energy (Meteorologia e energia atómica).* Comissão de Energia Atómica, EUA.

65. Pinsky M., Khain A. Análise teórica do processo de mistura de entrada nas fronteiras das nuvens. Parte II: Movimento da interface da nuvem. 2019. J. da Ciência Atmosférica, **76**, 2599-2616. DOI: 10.1175/JAS-D-18-0314.1

66. Ingel. L. Kh., 2008. Sobre a teoria dos jactos convectivos ascendentes. *Izvestiya, Física Atmosférica e Oceânica*, **44**(2), 167-174

67. Wulfson N.I., 1961. *Investigação da convecção na atmosfera.* Imprensa da AN-USSA, Moscovo, 521.

68. Ingel L.Kh., 1998. Convecção livre a partir de fontes locais do traçador pesado de realização de cabeça. *Izvestiya, Física Atmosférica e Oceânica*, **34** (5), 580-584.

69. (a) Ingel L.Kh., Makosko A.A., 2020. Para a teoria dos fluxos convectivos num meio estratificado rotativo sobre uma superfície termicamente não homogénea. *Mecânica do Contínuo Computacional*, **13** (3), 288-297.   DOI: 10.7242/1999-6691/2020.13.3.23

70. Ingel L.Kh., Makosko A.A. Estudos teóricos das perturbações atmosféricas causadas pelas inomogeneidades do campo gravitacional. IOP Conf. Series: Ciências da Terra e do Ambiente 606 (2020) 012020 doi:10.1088/1755-1315/606/1/012020

71. Vazaeva, N.V., Chkhetiania O. G., Kuznetsov R. D., 2017. Estimando a Helicidade na Camada Limite Atmosférica a partir de Dados de Sondagem Acústica. *Izv. Atm. &Ocean. Phys.*, **53** (2), 200-214.

72. *Ponto de orvalho*. Acedido em 2021, 15 Jun. https://vbokna.ru/kalkulyatory/tochka-rosy

73. Carslow H.G., Jaeger J.C., 1964. *Conduction of heat in solids (Condução de calor em sólidos)*. Clarendon press, Oxford.

74. Eckert E.R.G., Drake Jr. R.M., 1957. *Transferência de calor e massa*. Edição da McGraw Hill Book Company, EUA, 590 p.

75. Polyanin A. D. e Zaitsev V. F., 2003. *Exact Solutions for Ordinary Differential Equations*, CRC Press, Boca Raton, New-York, USA. https://www.researchgate.net/publication/257913343_Handbook_of_Exact_Solutions_for_Ordinary_Differential_Equations

76. Miles N.L., Verlinde J., Clothiaux E., 2000. Cloud Droplet Size Distributions in Low-Level Stratiform Clouds (Distribuições de tamanho de gotículas em nuvens estratiformes de baixo nível). *J Atmosp. Science AMS*, **57**, 295- 311.

77. Borovikov A.M. et al., 1961. *Cloud physics*. Hydromet-press, Moscovo, Rússia.

78. Twomey, S., 1959. The nuclei of natural cloud formation part II: The supersaturation in natural clouds and the variation of cloud droplet concentrations. *Geofis. Pura Aplicada*, **43**, 243-249.

79. Sedunov, Yu. S., 1965. Estrutura fina das nuvens e seu papel na formação do espetro de nuvens. *Atmos. Oceanic Phys.*, **1**, 416-421

80. Kabanov, A. S., Mazin I. P., e Smirnov V. I., 1971. Supersaturação do vapor de água nas nuvens (em russo). *Proc. Cent. Aerol. Obs.*, **95**, 50-61.

81. Korolev, A. V. e Mazin I. P., 2003. Supersaturação do vapor de água nas nuvens. *J. Atmos. Sci.*, **60**, 2957-2974

82. Khvorostyanov, V. I., e Curry J. A., 2009. Parametrização da ativação de gotas de nuvens com base em soluções assintóticas analíticas para a equação da supersaturação. *J. Atmos. Sci.*, **56**, 1905-1925

83. Pinsky M., Mazin I. P., Korolev A., Khain A., 2013. Supersaturação e crescimento difusional de gotículas em nuvens líquidas. J. Atmos. Sci. **70**, 2778- 2793. DOI: 10.1175/JAS-D-12-077.1

84. A. Khain A., Pokrovsky A., Pinsky M., 2004. Simulação dos efeitos dos aerossóis atmosféricos em nuvens convectivas turbulentas profundas utilizando um modelo de nuvens cumulus de fase mista de microfísica espetral. Parte I: Descrição do modelo e possíveis aplicações. *J. Amp. Phys. AMS*, **61**, 2963-2982.

85. Pinsky M., Khain A,, 2019. Análise teórica do processo de mistura de entrada nos limites das nuvens. Parte II: Movimento da interface da nuvem. *J. Atm. Sci.* **19**, 2599 - 2616. DOI: 10.1175/JAS-D-18-0314.1

86. Grabowski W.W. 1998. Toward Cloud Resolving Modeling of Large-Scale Tropical Circulations: A Simple Cloud Microphysics Parameterization. *J. Atm. Sci.* **55**, 3283-3298.

87. Morrison H., Grabowski W., 2007. Comparação de modelos de microfísica de chuva quente em massa e em compartimento usando uma estrutura cinemática. Sociedade Americana de Meteorologia, **64**, 2839-2860. DOI: 10.1175/JAS3980

88. Grabowski W., 2006. Impacto Indireto dos Aerossóis Atmosféricos em Simulações Idealizadas de Quase Equilíbrio Convectivo-Radiativo. *J. of Climate*, **19**, 4664-4682.

89. Grabowski W., Morrison H., 2011. Impacto Indireto dos Aerossóis Atmosféricos em Simulações Idealizadas de Quase Equilíbrio Convectivo-Radiativo. Parte II: Microfísica de duplo momento. *J. Climate*, **24**, 1897- 1924. DOI: 10.1175/2010JCLI3647.1

90. Igel A.L., Van Den Heever S.C., 2017. A importância da forma das distribuições de tamanho de gotículas de nuvem em nuvens Cumulus rasas. Parte I: Simulações de Microfísica de Bin. *AMS Journal of Atmospheric Science*, **74** (1), 249-258. https://doi.org/10.1175/JAS-D-15-0382.1

91. Igel A.L., Van Den Heever S.C., 2017. A importância da forma das distribuições de tamanho de gotículas de nuvem em nuvens Cumulus rasas. Parte II: Simulações de microfísica em massa. *AMS Journal of Atmospheric Science*, **74** (1), 249-258. DOI: 10.1175/JAS-D-15-0382.

92. Huang D., C. Zhao et.al., 2012. Uma intercomparação de recuperações microfísicas de nuvens líquidas baseadas em radar e implicações para estudos de avaliação de modelos, *Atmos. Meas. Tech.*, **5**, 1409-1424. doi:10.5194/amt-5-1409-2012

93. Illingworth A.J. et. al., 2015. O cuidado da Terra: o próximo passo em frente nas medições globais de nuvem, aerossol, precipitação, *BAMS*, **96**, 1311-1332. DOI:10.1175/BAMS-D-12-00227.1

94. Seethala C., Horvath A., 2010. Avaliação global da recuperação da trajetória da água líquida das nuvens AMSR-E e MODIS em nuvens oceânicas quentes, *J Geophysical Research Atmosphere*, **115**, D132020. DOI: 10.1029/2009JD012662

95. Hogan A. etal., 2005. Conteúdo de água líquida do Stratocumulus a partir de radar de duplo comprimento de onda. *Atmos. E Ocean Technol., AMS*, **22**, 1207-1218.

96. Oude-Niguis A.C.P., et.al., 2019. Técnicas de recuperação de EDR baseadas em velocidade aplicadas a medições de radar Doppler da chuva: dois estudos de caso, *J. Atm. Ocean Tech. AMS*, **26**, 1693-1711 . DOI:10.1175/JTECH-D-18-0084.1

97. Li S., Min Q.J., 2013. Recuperação do perfil vertical das propriedades das nuvens stratus a partir de observações combinadas da banda A de oxigénio e de radar, *Geophys. Research: Atmosphere*, **118**, 769 - 778. DOI: 10:1029/2012JD018282

98. Zhao Ch., et al., 2006. Aircraft measurements of cloud droplet spectral dispersion and implications for indirect aerosol radiative forcing, *Geophysical Research Let.*, **33** (16), L16809.

99. Marshall J.S., Palmer W. M. K., 1948. A distribuição das gotas de chuva em função do tamanho. *J Meteor*, **5**, 165-166.

100. Huang G.J., Chandrasekar V., Gorgucci E., 2002. Uma metodologia para estimar os parâmetros de um modelo de distribuição de tamanho de gotas de chuva Gamma a partir de dados de radar polarimétrico: Aplicação a um evento de squall-line da campanha TRMM/Brasil. *J. Atmos. Oceanic Technol.*, **19**, 633-645, https://doi.org/10.1175/ 1520-0426(2002)019,0633: AMFETP.2.0.CO;2.

101. Fielding M.D., Chiu J.C., Hogan R.J., et al., 2015. Recuperações conjuntas de nuvem e chuvisco em nuvens da camada limite marinha usando radar terrestre, lidar e radiações zenitais . *Atmos. Meas. Tech. Discuss.*, **8**, 1833-1889. doi:10.5194/amtd-8-1833-2015

102. Liao L., Meneghini R., 2019. Uma técnica de comprimento de onda duplo modificada para recuperação de chuva de radar de banda Ku e Ka. *J.Appl Meteorol Climatol*, **58**, 3-18. DOI: 10.1175/JAMC-D-18-0037.1

103. Lu, M., Seinfeld J.H., 2006. Effect of aerosol number concentration on cloud droplet dispersion: A large-eddy simulation study and implications for aerosol indirect forcing, *J. Geophys. Res.*, **111**, D02207, doi:10.1029/2005JD006419.

104. Remko Uijlenhoet, 2001. Distribuições de tamanho de gotas de chuva e relações entre refletividade de radar e taxa de chuva para hidrologia de radar. *Hydrol. and Earth System Sci.* **5** (4), 615-627.

105. Li Q., Wei J., Yin J. et al., 2022. Caraterísticas microfísicas da distribuição do tamanho das gotas de chuva e implicações para a estimativa da precipitação por radar no planalto tibetano do nordeste, *J. of Geophys. Resear. Atmosp.* **127** (12). DOI: 10.1029/2021JD035575

106.   Wei Jiahua, Shi Yang, Yan Ren, 2021. Aplicação do Radiômetro de Micro-ondas Baseado no Solo na Recuperação de Caraterísticas Meteorológicas do Planalto do Tibete. *Sensoriamento Remoto*, **13**, 2527. DOI: 10.3390/rs13132527

107.   *Acústica. Atenuação do som durante a propagação ao ar livre, Parte 1: Cálculo da absorção do som pela atmosfera (MOD)*, ISO 9613-1:1993. 2006. Acedido em 28 de outubro de 2023. https://meganorm.ru/Data2/1/4293849/4293849418.htm

108.   Atmosfera padrão. Parâmetros. Acedido em outubro de 2023. http://oitsp.ru/gost/gost-4401-81

109.   Densidade do ar. Acedido em 23 de agosto de 2023. https://en.wikipedia.org/wiki/Density_of_air

110.   Nalbandyan O., 2011. A Microestrutura das Nuvens e a Estimulação da Chuva por Ondas Acústicas. *Ciências Atmosféricas e Climáticas*, **1**, 86-90. doi:10.4236/acs.2011.13009 http://www.scirp.org/journal/acs

111.   Foster M.P., Pflaum J.C., 1988. O comportamento de gotículas de nuvens num campo acústico: I estimulação numérica. *J. Geophys. Research*, **93** (1), 747-758.

112.   Temkin S., 1994. Aglomeração dinâmica de aerossóis. I. Ondas acústicas. *Física dos Fluidos,* **6**, 2294-2303. https://doi.org/10.1063/1.868180

113.   Liu C., Zhao Yu, Tian Z, Zhou H., 2020. Simulação numérica de natural para aerossol sob ação de ondas acústicas. *Aeros. And Air Quality Research*, **21** (4) 200361. DOI: https://doi.org/10.4209/aagr.2020.06.0361

114.   Sujith R.I., Waldherr G.A., 1999. Investigação teórica do comportamento de gotículas em campos acústicos axiais. *J. Vibrations and Acoustics*, **121**, 286-294.

115.   Pijush K.K., Ira M.C. 2004. *Mecânica dos Fluidos*. Editora: Elsevier Academic Press.

116.   Huang D. et.al., 2012. Uma intercomparação de recuperações microfísicas de nuvens líquidas baseadas em radar e implicações para estudos de avaliação de modelos, *Atmos.*

Meas. Tech., **5**, 1409-1424. www.atmos-meas-tech.net/5/1409/2012/ doi:10.5194/amt-5-1409-2012

117. *NASA. Velocidade terminal (gravidade e arrasto).* Acedido a 4 de março de 2009. https://www.grc.nasa.gov/WWW/K-12/airplane/termv.html

118. Li F.F., Jia Y.H., Wang G.Q, Qiu J., 2020. Mecanismo de movimento de gotículas de nuvem sob ações de ondas sonoras. *J. Atmos and Ocean Technol*, **37**, 1539-1550. DOI: 10.1175/JTECH-D-19-0210.1

119. Liao L., Meneghini R., 2019. Uma técnica de comprimento de onda duplo modificada para recuperação de chuva de radar de banda Ku e Ka. *J.Appl Meteorol Climatol*, **58**, 3-18. DOI: 10.1175/JAMC-D-18-0037.1

120. Chavanis P.H., 2019. A equação estocástica generalizada de Smoluchowski. *Entropia*, **21**, 1006. doi:10.3390/e21101006

121. Zhao Ch., et al., 2006. Aircraft measurements of cloud droplet spectral dispersion and implications for indirect aerosol radiative forcing, *Geophysical Research Let.*, **33** (16), L16809.

122. Letestu, S. (ed.), 2006. *Tabelas Meteorológicas Internacionais.* WMO-No.188.TP94, Genebra, Suíça, 506p.

123. *Programa científico Airborne da NASA.* Acedido em outubro de 2020. https://airbornescience.nasa.gov/instrument/all?field_meas_tid=Cloud%20Liquid%20Water%20Content

124. Illingworth A.J. etal., 2015. The Earthcare: the next step forward in global measurements of cloud, aerosol, precipitation, *Bul.Am.Met.Sci.*, **96**, 1311-1332. DOI:10.1175/BAMS-D-12-00227.1

125. Morrison H., Grabowski W., 2007. Comparação de modelos de microfísica de chuva quente em massa e em compartimento usando uma estrutura cinemática. *AMS j. of Atmospheric Science*, **64**, 2839- 2861. DOI: 10.1175/JAS398

126. Igel A.L., Van Den Heever S.C., 2016. A importância da forma das distribuições de tamanho de gotículas de nuvem em nuvens Cumulus rasas. Parte I: Simulações de Microfísica de Bin. *AMS Journal of Atmospheric Science*, **74**, 249-258. https://doi.org/10.1175/JAS-D-15-0382.1

127. Igel A.L., Van Den Heever S.C., 2017. A importância da forma das distribuições de tamanho de gotículas de nuvem em nuvens Cumulus rasas. Parte II: Simulações de microfísica em massa. *AMS Journal of Atmospheric Science*, **74**, 259-273. DOI: 10.1175/JAS-D-15-0383.1

128. Tapley B.D., M.D King et al. (eds.,) 2015. *Continuity of NASA Earth Observations from Space: A Value Framework*. Washington, DC: The National Academies Press. DOI: 10.17226/21789

129. Marshall J.S., Palmer W. M. K., 1948. A distribuição das gotas de chuva em função do tamanho. *J Meteor*, **5**, 165-166.

130. Huang G.J., Chandrasekar V., Gorgucci E., 2002. Uma metodologia para estimar os parâmetros de um modelo de distribuição de tamanho de gotas de chuva Gamma a partir de dados de radar polarimétrico: Aplicação a um evento de squall-line da campanha TRMM/Brasil. *J. Atmos. Oceanic Technol.*, **19**, 633-645. https://doi.org/10.1175/ 1520-0426(2002)019,0633: AMFETP.2.0.CO;2.

131. Fielding M.D., J.C. Chiu, R.J. Hogan, et al. (2015), Recuperações conjuntas de nuvens e chuviscos em nuvens da camada limite marinha utilizando radares terrestres, lidar e radiações zenitais . *Atmos. Meas. Tech.* Discuss., **8**, 1833-1889. doi:10.5194/amtd-8-1833-2015

132. Liao L., Meneghini R., 2019. Uma técnica de comprimento de onda duplo modificada para recuperação de chuva de radar de banda Ku e Ka. *J.Appl Meteorol Climatol*, **58**, 3-18. DOI: 10.1175/JAMC-D-18-0037.1

133. Lu, M., J.H Seinfeld, 2006. Effect of aerosol number concentration on cloud droplet dispersion: A large-eddy simulation study and implications for aerosol indirect forcing, *J. Geophys. Res.*, **111**, D02207, doi:10.1029/2005JD006419.

134.   Abramowitz M. e I. A. Stegun (eds.), 1964, *Handbook of mathematical functions with formulas, graphs and mathematical tables*. Government Printing Office, Washington, D. C., EUA.

135.   Skudrzyk E. , 1971. *The Foundations of Acoustics (Os Fundamentos da Acústica)*. Springer, EUA.

136.   Koranda P. et al. Laser Er:YAG com comutação Q electro-ótica. 2005. SPIE Proceedings, DOI: 10.1364/ASSP.2005.359

137.   A base de dados HITRAN. Divisão de Física Atómica e Molecular, Centro Harvard-Smithsonian de Astrofísica. Recuperado em 8 de agosto de 2012; (b) Os coeficientes de absorção da água de acordo com o comprimento de onda https://en.wikipedia.org/wiki/Electromagnetic_absorption_by_water

138.   Born M., Wolf E., 1952. *Principles of Optics*. Pergamon Prress, Reino Unido, 852p.

139.   Smarychev M. D. *Directividade dos emissores e receptores acústicos, Glossário*. Acedido em outubro de 2023. www.bourabai.ru

140.   Sverdlin G.M. 1990. *Applied hydro acoustics*. Sudosctrienie-press, Leningrado, Rússia, 332p.

141.   Smarychev M. D., 1973. *Directividade das antenas hidroacústicas*. Editora de navios, Leningrado, Rússia, 279p.

142.   Urick J. R., 1975. *Principles of underwater sound*. Mr-Graw Hill.

143.   Kirichenko I. A., Starchenko I. B. 2019. Directividade de sistemas hidroacústicos com matriz paramétrica em condições marinhas. J. Phys: Conf. Ser. 1353 012089

144.   Belov V. V., Burkatovskaya Yu. B., Krasnenko N. P. 2018. Investigações experimentais e teóricas da propagação próxima ao solo da radiação acústica na atmosfera. ISSN 1024-8560, *Ótica Atmosférica e Oceânica*, 2018, **31**, (5), 471-478.

145.   Shamanaeva L.G., Belov V.V., Yu. B., Krasnenko N. P. Burkatovskay. Influência das escalas exteriores de temperatura e turbulência dinâmica nas caraterísticas da radiação acústica transmitida. 21º Simpósio Internacional de Ótica Atmosférica e Oceânica, Proc. of SPIE Vol. 9680 968020-1 ,- doi: 10.1117/12.2205810